いまさら聞けない

Web3、NFT、メタバース

について
増田雅史先生に聞いてみた

増田雅史 監修

Gakken

はじめに

Web3、NFT、メタバースは社会をどう変えるのか？

本書を手に取っていただき、ありがとうございます。「Web3《ウェブスリー》」「NFT《エヌエフティー》」「メタバース」といった言葉は頻繁に耳にするようになりましたが、その内容は十分に知られているとは言えません。読者の皆さんも、もっと知りたい、理解を深めたいと思って本書を手に取ってくださったのだと思います。

私は弁護士としてブロックチェーン分野（暗号技術によって取引履歴を鎖のようにつなげて取引履歴を正確に維持しようとする技術。詳しくは34ページ）に長年取り組んできましたが、特に2021年からはNFTに関する相談が急増しました。ですが、NFTという言葉がテレビや書籍などで頻繁に取り上げられても、なかなか社会の理解は深まらず、いつまでも言葉だけが独り歩きしていると感じていました。

そこで、2021年から2022年にかけ、編著本『NFTの教科書』（朝日新聞出版）、監修本『NFTビジネス見るだけノート』（宝島社）を相次いで世に送り出し、NFTの概念やその背景にある考え方の啓蒙に努めてきました。どちらも非常に多くの方にお読みいただき、一定の手ごたえを感じています。

2022年は「メタバース元年」というべき状況を迎え、ブロックチェーンやNFTを基本的な構成要素とする「Web3」という概念も急速に知られるようになりました。しかし、新たな言葉が次々と登場し、ますます混乱した方も多かったと思います。**「NFTは一過性のブームに過ぎない」**と指摘する向きもありますが、現在も大量の相談を受けている私としては、**NFTはむしろ、Web3時代のインフラとして不動の地位を確立しつつあり、その重要度はまったく変わらないどころか増して**

いると考えています。

そして2023年。**Web3・メタバースの時代はいよいよ、本格的な幕開けを迎えようとしています**。本書はこれらの概念について、その基本的な内容から、なぜ注目されるようになったのか、社会をどのように変革していく可能性があるのかといった点まで、幅広く、かつわかりやすく解説することを目指して制作されました。

本書が「Web3」「NFT」「メタバース」への理解の助けとなり、新時代の息吹を少しでも感じていただけましたら、監修者としてこれ以上の喜びはありません。

CONTENTS

いまさら聞けないWeb3、NFT、メタバースについて
増田雅史先生に聞いてみた

第2章 「ブロックチェーン」って、なにがすごいの？

第3章 最近よく聞く「NFT」って、結局なんですか？

第4章 「メタバース」は一過性のブームに過ぎない？

第5章 すみません、Web3の最新キーワードがわかりません！

第6章 Web3、NFT、メタバースで世界はどうなる？

第7章 Web3時代を勝ち抜くビジネスの知恵をください！

※本書の情報は、2023年2月末現在のものです。

Web3《ウェブスリー》、NFT《エヌエフティー》、メタバースが実現する3つのシン世界

最近、話題のWeb3と、それを象徴する技術であるNFTやメタバースとはどんなものなのでしょうか？　そして、私たちの生活は、これからどう変わっていくのでしょうか？

Web3

非中央集権的な
新しい世界を実現する

DAO
（分散型自律組織）
DeFi（分散型金融）
Play to Earn（ゲームでお金を稼ぐ）

1

Web3は仲介のいらない金融サービスDeFi《ディーファイ》など、これまでのような中央管理者が存在する社会・組織のあり方から脱却し、**人びとが直接つながることができる社会を実現する新たな概念**です。（→20ページ）

Web1・0、2・0と続いてきたインターネットの時代に続くのが、「Web3」という新たなコンセプトです。**Web3は、ブロックチェーン（34ページ参照）という新しい技術によって特定の企業に依存しない「分散型」のインターネットを実現します。**

わかりやすく言えば、これまでのように企業や金融機関の力を借りなくても、個人が主体的に自身の情報やデジタル資産を管理することで、**個人と個人が直接つながってお金やメッセージのやり取りをしたり、同じ夢や目標のために協力し合ったりすることができる**のです。

2

NFT（非代替性トークン）は、唯一無二で、他のものと替えの効かない「デジタル資産」を作ることができる技術です。アーティストやクリエイターのみならず、私たちの生活を大きく変える可能性があります。（→56ページ）

NFT 唯一無二の価値を持つ
デジタル資産

3

Metaverse 現実を超える
もう1つの世界へ

メタバースは、自分自身の分身であるアバターを操作して活動することができる仮想空間です。これまで現実では不可能だったさまざまなことを可能にし、身体、人格、外見、時間といった制約から私たちを解放する力を秘めています。（→88ページ）

Topic 1

経団連、Web3の国家戦略を提言

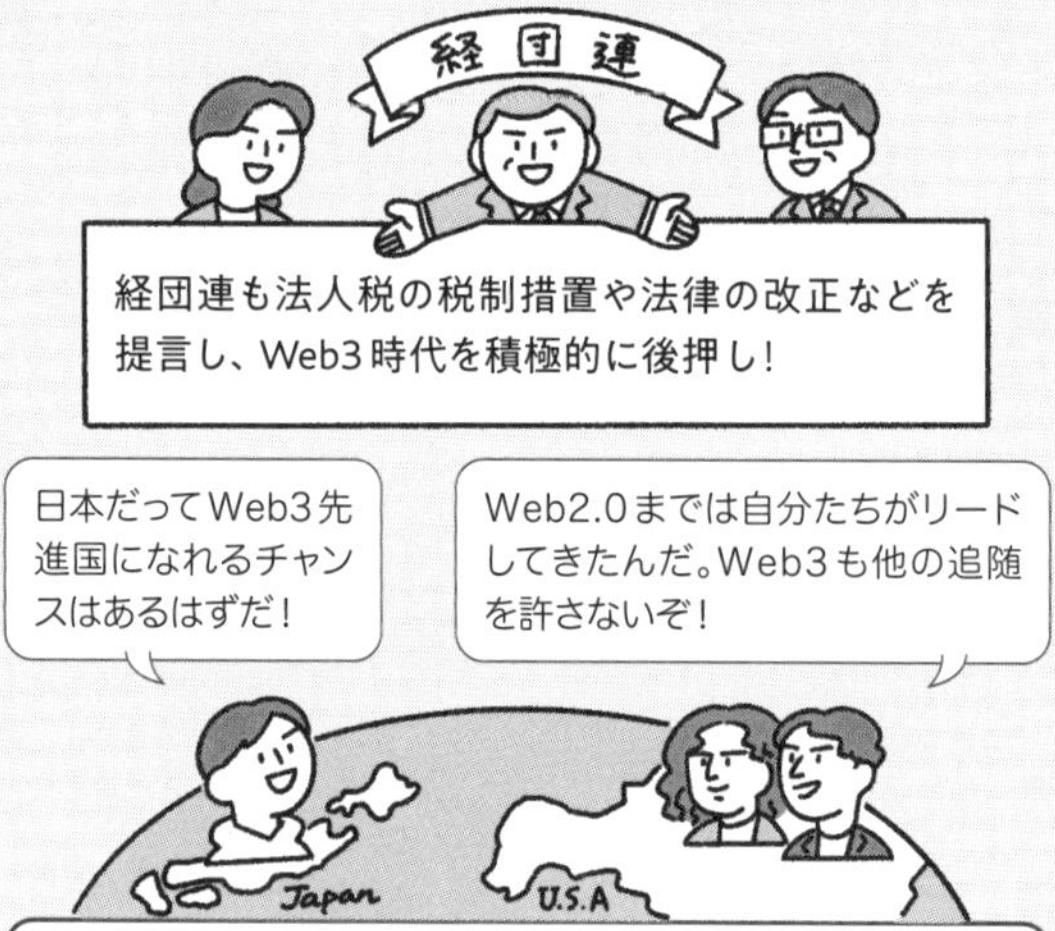
経団連
経団連も法人税の税制措置や法律の改正などを提言し、Web3時代を積極的に後押し！

日本だってWeb3先進国になれるチャンスはあるはずだ！

Web2.0までは自分たちがリードしてきたんだ。Web3も他の追随を許さないぞ！

Japan
U.S.A

アメリカに後れを取ってきた日本はWeb3先進国になれるか？

Web2.0までの時代、インターネット産業における主導権は、GAFAM※などアメリカの企業が持ち続け、日本は常に後れを取ってきました（30ページ）。しかし、日本にはWeb3と相性の良いコンテンツが豊富にあり、アメリカに追いつく可能性が十分にあります。

Web3時代の覇権を握ろうと、これまで**米欧の後塵を拝してきた日本も動き出しています。**

自民党は2022年3月、日本としてWeb3時代の経済圏を確立するためのような政策に取り組むべきかを「NFTホワイトペーパー（案）」として発表（134ページ）、同年11月には、経団連が**2025年中に日本がWeb3先進国として他国をリードできるようになるための提言を発表しました。**

※Google、Apple、Facebook（現Meta）、Amazon、Microsoftの5社を表す用語

Topic 2

ドコモ、Web3に最大6000億円の投資!

企業もWeb3に向けて動き出している

日本政府のみならず、日本の企業もWeb3を代表する技術であるNFT、メタバース、暗号資産などの分野でのビジネス展開に向けて、すでに動き出しています（162ページ）。NTTドコモは早い段階でVRイベント関連企業に約65億円を出資しています。

Web3の技術に本気で取り組みます!

NTTドコモ 井伊基之社長

- ブロックチェーン・ウォレット
- 暗号資産交換
- トークン発行
- セキュリティ

これらの分野で基盤側のサービスを提供することを目指す!

Web3時代のビジネスに向けて、日本の巨大資本も始動しました。

2022年11月8日、NTTドコモは、決算発表記者会見の場でWeb3における「日本発のグローバルデファクトを目指す」とし、Web3関連分野での基盤側のサービス提供を目指すため、**今後5～6年の間に最大6000億円規模の投資を行う方針を発表しました**。今後もWeb3に本気で取り組む企業が続々と登場するはずです。

Topic 3

ロイヤリティ支払い、これまでに18億ドル超！

数十億円で落札されるデジタルアート作品も!?

ブロックチェーン技術によって一点モノのデジタルデータを作れるようになった結果、NFTアートと呼ばれるデジタルアート作品やデジタルトレーディング·カード、ゲーム内のアイテムなどが高値で取引されるようになりました（60ページ）。

2022年10月時点で、NFTコレクションのクリエイターに支払われたロイヤリティは、総額18億ドル（日本円にして約2640億円、イーサリアムベース）に達しました。
NFT

ブロックチェーン技術によって、デジタルデータに唯一無二の価値を持たせたNFT（非代替性トークン）が実現すると、世界中のクリエイターたちがNFT作品を手がけるようになりました。

また、Web3の**スマートコントラクト技術により、二次流通以降の取引でも作者がロイヤリティを自動的に受け取れる仕組みが生まれ、今後ますますNFTは盛り上がりを見せる**でしょう。

Topic 4

未来の就活!?　広島で「メタバース就活」実施

仮想空間なら参加できる企業もたくさんあるので、まとめて話を聞くことができる！
現実のようなリアルな空間を自由に歩き回って、いろいろな企業の方と話ができる！
in 広島
メタバース
企業説明会

メタバースは、現実を超える体験をもたらすツールとなる

メタバースは、アバターと呼ばれる自らの分身を操作して活動することができる3D仮想空間のこと（88ページ）。2D空間にはなかった臨場感を得ることができ、現実とほとんど変わらない高度なコミュニケーションが実現できます（92ページ）。

メタバースによって、私たちは自分の身体、人格、時間、空間といったさまざまな制約から解放されるようになります（146ページ）。

たとえば、2022年11月に広島で企業向け説明会が開かれた「メタバース就活」。離れた場所にいる企業と学生が仮想空間に集まることが可能になるということは、**私たちは「空間」という制約から自由になる**ということを意味しています。

Topic 5

暗号資産交換業大手「FTX」経営破綻でWeb3に逆風？

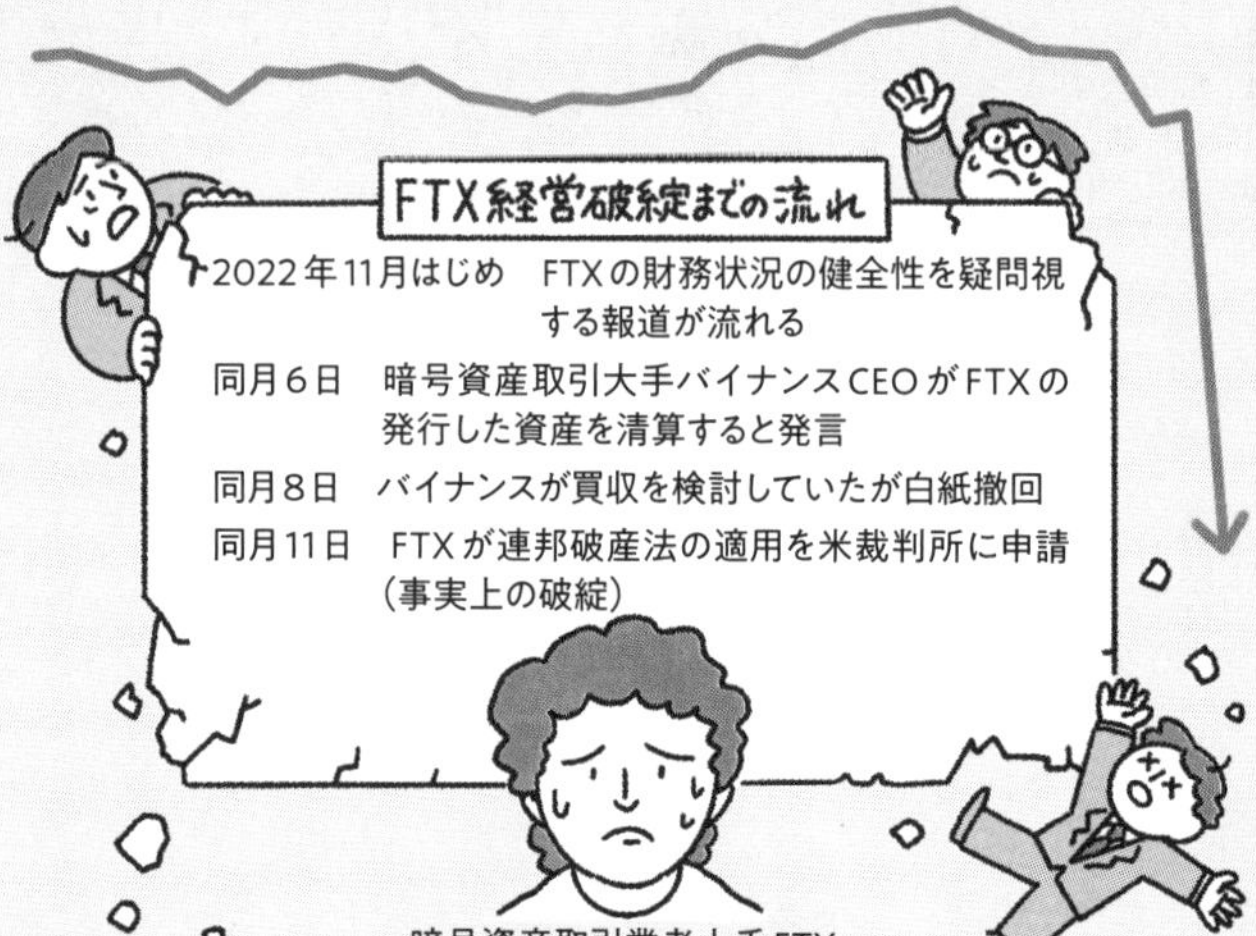
FTX経営破綻までの流れ
2022年11月はじめ　FTXの財務状況の健全性を疑問視する報道が流れる
同月6日　暗号資産取引大手バイナンスCEOがFTXの発行した資産を清算すると発言
同月8日　バイナンスが買収を検討していたが白紙撤回
同月11日　FTXが連邦破産法の適用を米裁判所に申請（事実上の破綻）

暗号資産取引業者大手FTX
CEO サム・バンクマン=フリード

FTXの経営破綻は暗号資産業界に終焉をもたらすのか？

2022年11月8日、かつて企業価値の評価額が約4兆6800億円にまで達していた暗号資産取引所大手のFTXが突如として顧客による引き出しを停止。その数日後に米国連邦破産法の適用を申請し事実上経営破綻したことで業界に激震が走りました。

FTXの負債総額は日本円にして推定で1兆円超という超巨額になる見通しで、Web3業界の行く末には暗雲が垂れ込め、再び冬の時代（178ページ）が到来するかのような報道も目立ちました。

しかし、確かに暗号資産にとって大きな打撃には違いありませんが、Web3そのものへの打撃は限定的でしょう。

なぜならば、**Web3という変革への流れはもう誰にも止められない**ところまで来ているからです。

第 1 章

これからは「Web3」の時代ってどういうこと?

15年周期でステージが移り変わるインターネット。その第3段階が近年注目を集める「Web3」です。これからの15年を読み解くうえで、Web3への理解は大きな武器になります。本章では、その概念から注目を集めている理由まで、Web3の基本的な知見を深めます。

Web3の全体像

1

そもそも「Web3」とは何のことですか？

POINT

インターネットのステージは約15年周期で移行している

インターネットは新たな時代に突入

インターネットは、1990年頃に普及し始めてから、およそ15年周期でステージが移り変わってきています。

1990～2004年頃のWeb1・0と呼ばれる時代は、ホームページと呼ばれるテキスト中心のサイトや、メールによるコミュニケーションが主流の時代でした。

2005～2020年頃までのインターネットをWeb2・0と呼び、通信速度の高速化などによって画像や動画を不特定多数に向けて投稿し、閲覧者からリアルタイムのリアクションを受け取ることができる、Facebook《フェイスブック》やTwitter《ツイッター》などのSNS（ソーシャル・ネットワーキング・サービス）が普及しました。

そして、2021年頃からWeb3（Web3・0とも表記されますが、Web3と表記するのが一般的です）の時代が始まりました。Web2・0までは、サービス利用に関するユーザーの情報を特定の企業（GAFAM《ガーファム》※など）が中央主権的に管理、独占していましたが、Web3になると、ブロックチェーン（34ページ参照）などの新たな技術を用いることで、**個人に関連する情報を自分で保有し、自身の判断によって管理することを前提とした仕組み**が普及する時代になっていくと考えられています。

Web3では、情報の特定の管理者がいない、**「分散型」のインターネット**が実現できるようになり、コンテンツの売買や送金などの取引を個人間で容易に行うことができるようになります。

お答えしましょう！

Web3とは、インターネットの世界が第3段階へ移行するトレンドを表した言葉です。

■ Web3の時代とは？

Web1.0は、1990～2004年頃のインターネットの初期段階を指す言葉です。この時代は、テキストを用いたホームページや、メールによるコミュニケーションが主流の時代でした。

↓

Web2.0は、2005～2020年頃のインターネットの段階を指す言葉です。この時代は、不特定多数の人に向けてテキストだけでなく、画像や動画を気軽に投稿できるSNSが普及した時代でした。

↓

Web3は、2021年頃から始まったとされる、新しいインターネットの段階を指す言葉です。暗号資産、ブロックチェーン技術、NFTなど、これまでになかった技術が普及していくと見られています。

KEYWORD

Web3 …… ブロックチェーン技術を活用した次世代のインターネットの潮流で、分散型であることが特徴。

Web3の特徴とは何ですか？

お答えしましょう！

非中央集権的に複数の参加者により情報が管理されるネットワークであることです。

■ 従来の中央集権型ネットワーク

これまでの中央集権型ネットワークでは、中央サーバーが管理者としてネット上の情報の管理を行っていました。 情報が一極化していたため、中央サーバーがハッキングされると、全体が危機にさらされる可能性がありました。

中央集権型ネットワークが抱えていたリスク

Web2.0までのインターネットは、中央集権型のネットワークであり、プラットフォームを提供するGAFAMに代表される企業に、情報が一極集中していました。

したがって、個人情報や行動履歴、ユーザーの好みといった情報が集中しているために、その**管理者である企業に富と権力が集中しすぎてしまうこと**、また、**中央サーバーが攻撃されると全体が危険にさらされる可能**

POINT
情報が一極集中するというデメリットがなくなる

■ブロックチェーンによる分散型ネットワーク

ブロックチェーン技術を用いた分散型ネットワークは、中央サーバーが存在せず、ネットワーク参加者同士がそれぞれにつながっています。管理者が分散されている状態のため「分散型」と呼ばれます。

性があることなどの問題点を抱えていました。

ユーザーが誰でも情報の管理に参加できる

ところが、ブロックチェーンという技術によって、特定の管理者を必要とせず、不特定の参加者たちによってネットワークが共同管理される「非中央集権型（分散型）ネットワーク」を構築できるようになったのです。

ブロックチェーンについては第2章で詳しく説明しますが、簡単に言えば、**同一のデータを複数の管理者が分散して保持しているような状態を作り出せる技術**です。これによって取引履歴の改ざんが難しくなる、ハッキングなどによってシステムを停止させることができなくなるなどのメリットがあります。この技術の登場によって、私たちは誰でも情報の管理に参加することができ、中央集権型プラットフォームを介さずに、**個人同士で情報のやり取りを行うことができるようになりました。**

KEYWORD

非中央集権型……中央集権型とは異なり、同一のデータを分散して複数人によって管理している状態のネットワーク。

Web3によって世界はどう変わるの？

Web2.0の良い側面とWeb3が共存する世界

Web3は、私たちの社会にさまざまな変化をもたらすと考えられていますが、とりわけ特筆すべき変化は、**「バーチャルファースト」時代の到来**でしょう。

たとえば、メタバースを例に説明すると、VRゴーグルなどを用いたバーチャル空間がより身近になり、かつNFT（56ページで解説）の利活用などと密接に結びつくことで、**これまではリアルが主で、バーチャルが従だった世界が逆転するかもしれない**のです。

メタバース空間上で土地を売買したり、コンサートイベントを開催したり、現実世界では難しい社会実験やシミュレーションが可能になるかもしれません。

バーチャルファーストのメリットは、リアルで居住している空間とは全く異なる空間で時間を過ごせるようになること、NFTなどを販売することでバーチャル空間でもお金が稼げること、バーチャル空間でなければ知り合えない人びとと交流が持てるようになることなどです。

ちなみに、次項で説明しますが、Web3はWeb2.0の中央集権型ネットワークへの問題意識から生まれた概念ですが、Web2.0が、Web3に一気に取って代わられるということはないでしょう。Web2.0的なサービスにも、利便性など私たちにとって必要な良い側面もあります。ですから、今後は**Web2.0とWeb3の良い面が共存していく時代になる**と考えられています。

POINT
バーチャル世界でできることがどんどん増えていくことに

＼ お答えしましょう！ ／

これまでとは逆の、ネットが主でリアルが従の「バーチャルファースト」の時代が到来します。

■ バーチャルファーストの世界って？

リアルでは知り合えないような人と知り合うことができて楽しい！

普段は大都会で暮らしているけれど、バーチャルでは大自然の中で気ままに暮らす。最高だなぁ……。

$100,000
私も欲しかったなぁ……。

そのスニーカーには10万ドルの価値がありますよ！

もう仕事はバーチャル空間で十分できてしまうなぁ。

自分がデザインしたNFTのスニーカーが10万ドルで落札された！

なぜWeb3は、これほど注目を浴びているの？

お答えしましょう！

情報が一元的に管理されていることへの不満をきっかけに、Web3は生まれました。

■ Web2.0を牽引したGAFAMとは？

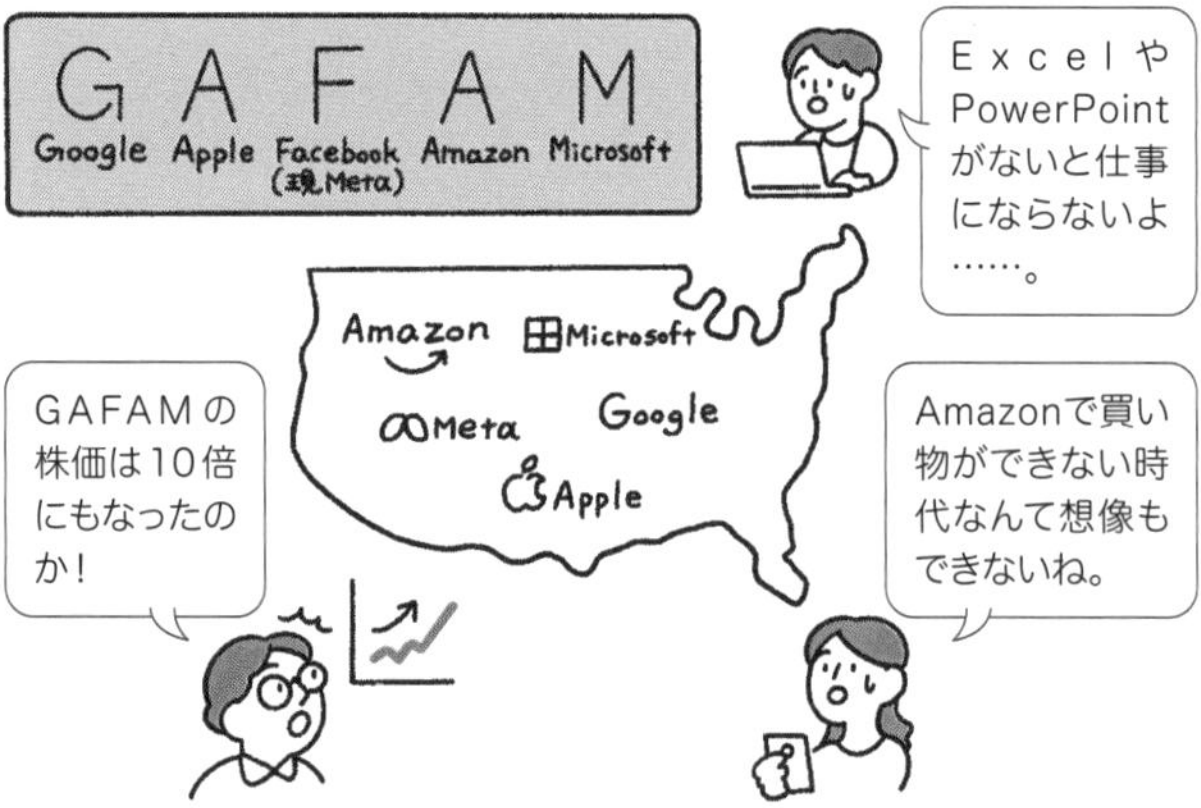

Web2.0を牽引し、急激に成長したGAFAM5社の時価総額は、2020年当時で560兆円に到達。東証一部に上場している約2170社の時価総額の合計を上回るほどになりました。

中央集権型のネットワークにはデメリットがある

それにしても、なぜWeb3がここまで、注目を浴び出したのでしょうか。

そもそものきっかけは、**Web2.0を牽引してきた大企業であるGAFAMへの不満**でした。

GAFAMのサービスは、非常に優れており、現代人にとってもはや必要不可欠と言ってもいいほど普及しています。その一方で、情報が一極的に集中してしまうことに、不満を抱く人

POINT

GAFAMのサービスは優れているが、不満を抱く人びともいた

■ 一部の大企業に情報が集中すると……

私たちのルールに従ってください。

GAFAM
GAFAMの決めたルールに従わないと、自分が開発したアプリを売ることができないのか……。

ここに個人情報を登録して大丈夫かな？　情報が漏洩したらどうなるんだろう？

GAFAMのサービスは必要不可欠だけど、そのシェアが伸びるほど、世界的な経済格差も広がっていく……。

商品をECサイトで売りたいけど、手数料が高いなぁ……。

ECサイト

もいました。

デメリットとの葛藤から生まれたWeb3

まず、中央集権型のネットワークであるということは、手数料以外にも、ユーザーに対してさまざまなルールに従うことを暗に要求できます。

つまり、アプリ開発者などは自分のアプリを売ろうとする時に、その販売元であるGAFAMのルールに従わなければなりません。また、銀行と同じように高い手数料を取られるというデメリットもあります。

また、プラットフォームを握っているGAFAMによって情報が一元的に管理されているために、それらの企業がハッキングなどの攻撃対象になった場合、その会社が管理しているデータの全てが危険にさらされる可能性がありました。

Web3は、このようにWeb2・0を牽引したGAFAMの利便性と、それがもたらした問題点の葛藤から生まれてきた、**新しい時代のインターネットの形**なのです。

KEYWORD
GAFAM …… Google、Apple、Facebook（現Meta）、Amazon、Microsoftの総称。

Web3を突き動かす「思想」とは？

権威への信頼よりも人がつながることに重きを置く

Web2・0までの世界は、**国家、GAFAM をはじめとする大企業、銀行などの「権威」を、人びとがトラスト（信頼）することで成り立っていました**。つまり、権威が行うことは間違いがないと信じられ、信頼できるからこそお金を預けたり、サービスに対して安心して手数料を払ったりしていました。

実際に、私たちの財産を保証してくれるだけの力を持っていますし、問題が発生した時に迅速に対応してくれるというメリットはあります。しかし、多くの人びとが権威に信頼を置きすぎると、問題も生じてきます。

権威に対して富や権力、また、情報が集中することで中央集権型システム特有のリスクが生まれるのです。たとえば、大多数の人が特定の企業にトラストを集中させてしまうと、その企業が暴走した時に食い止めることが難しくなります。また、その中央管理者が攻撃されると、データ全体が漏洩してしまうリスクもあります。

そこで、Web3以降は、ブロックチェーン技術を土台に、中央管理者のいないネットワーク、つまり人びとが国家・企業などにトラストを集中させないシステムを目指すようになったのです。

この**「トラストレス」という思想こそが、Web3を突き動かしている根幹的な思想**だと言えます。トラストレスなネットワークでは、ユーザー同士がつながり、権威に頼らず、それぞれが協力してシステムを成立させる必要があります。

POINT
トラストレスは、国家や企業への情報集中リスクを分散させる

お答えしましょう！

「権威」に頼らずに、人びとがつながることによってシステムを成立させる「トラストレス」という考え方です。

■ Web3を突き動かす「トラストレス」とは？

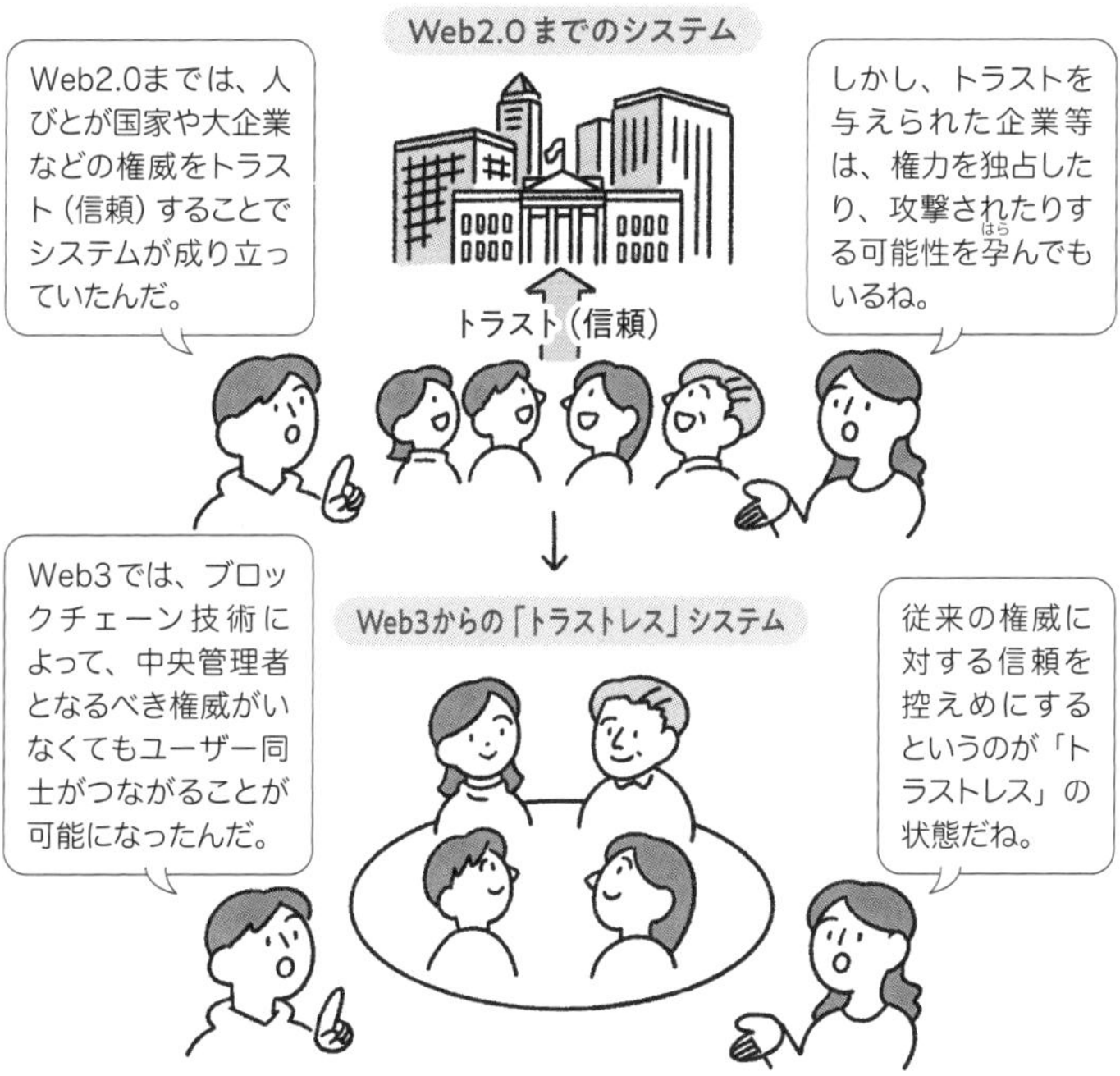
Web2.0までのシステム
Web2.0までは、人びとが国家や大企業などの権威をトラスト（信頼）することでシステムが成り立っていたんだ。
トラスト（信頼）
しかし、トラストを与えられた企業等は、権力を独占したり、攻撃されたりする可能性を孕《はら》んでもいるね。
Web3からの「トラストレス」システム
Web3では、ブロックチェーン技術によって、中央管理者となるべき権威がいなくてもユーザー同士がつながることが可能になったんだ。
従来の権威に対する信頼を控えめにするというのが「トラストレス」の状態だね。

KEYWORD

トラストレス……国家や企業など、権威への信頼を控えめにし、ユーザー同士がつながってシステムを成立させている状態。

Web3に対する日本の国家戦略はどうなっているの？

お答えしましょう！

アメリカやイギリスに負けじと、自民党はweb3プロジェクトチームを発足し、動き始めています。

■ 世界のNFT戦略をリードするのは米と英

Web2.0までのインターネット産業におけるリードは、Web3になっても絶対に譲らないぞ！
Web2.0までは後れを取ってしまったけど、アニメやゲームなどNFTと相性のいいコンテンツがたくさんあるから負けてはいられない！
米
英
日

2022年3月、米国のバイデン大統領はWeb3におけるリーダーシップを取るため、暗号資産などのデジタル資産についての共通戦略を打ち出す指示を出しました。また、同年4月には、英国政府も王立造幣局に対して、NFT（非代替性トークン）の発行を求めました。

かつて後れを取った日本に逆転の目はあるか？

Web2・0までの時代、インターネット産業における覇権は、アメリカが握り続けてきました。**GAFAM5社はすべてアメリカの企業ですから、アメリカの一人勝ちの時代と言っても過言ではない状況**でした。

Web3時代が幕を開けると、2022年3月にはアメリカのバイデン大統領が大統領令を出し、暗号資産をはじめとするデジタル資産に関する共通戦略を打ち出すように指示しまし

POINT
日本にはNFTと相性の良いコンテンツが豊富にある

■日本のWeb3時代への戦略は？

自民党
日本でもNFTを次世代の成長戦略の柱にしよう！
デジタル社会推進本部
web3プロジェクトチーム

2022年12月に発表された中間提言では、8つの重要テーマに基づく提言を行いました。これらの提言は日本の今後のWeb3戦略に色濃く反映されていく可能性が高いといわれています。

た。これは、今後のWeb3時代の戦略について省庁や機関の間での意見の食い違いをできるだけ減らし、物事をスムーズに進ませるための措置でした。

日本で発足したプロジェクトチーム

ほぼ時を同じくしてイギリスでも、政府が王立造幣局にNFTの発行を求めるなど、いち早くWeb3時代の舵取りを目指す姿勢を打ち出しました。

一方、Web2・0の時代にはネット産業で完全に後れを取っていた日本も米英に後れまいと、自由民主党デジタル社会推進本部が「Web3プロジェクトチーム（Web3PT）」を設立。2022年3月には同チームがNFTホワイトペーパー（案）を発表しました。

同チームは、日本にはNFTと相性の良いアニメやゲームなど国際的競争力を有するIP《アイピー》（知的財産）コンテンツが豊富にあるため、**Web3時代に世界をリードするポテンシャルがある**としています。

KEYWORD
ホワイトペーパー……中央省庁などが政治・社会・経済などの実態や政策を記した刊行物。

GAFAM……………………20ページ
Google、Apple、Facebook（現Meta）、Amazon、Microsoftの頭文字を取った、インターネットの世界における世界的巨大資本の総称。いずれもWeb2・0を牽引した企業である。

Web1・0……………………20ページ
1990〜2004年頃までのインターネット黎明期における利用法。テキストを用いたホームページやメールが主なコミュニケーションツールだった。

Web2・0……………………20ページ
Web1・0に次ぐ2005〜2020年頃までのインターネットの利用法。通信速度が高速化したことで不特定多数の人に画像や動画を気軽に投稿できるようになり、SNSが普及した。

Web3……………………20ページ
2021年頃から始まったとされるインターネットの新しい利用法。暗号資産、NFT、メタバースなど画期的な新技術を含む。Web3・0と呼ばれることもあるが厳密には同義ではない（Web3・0参照）。

Web3・0……………………20ページ
イギリスの計算機学者ティム・バーナーズ＝リーが唱えた言葉。Web2・0の次に来るウェブのあり方（セマンティック・ウェブ）を指した言葉だったが普及せず、イーサリアム共同創設者のギャビン・ウッドが造ったWeb3という言葉のほうが一般に普及することとなった。

ブロックチェーン……………………23ページ
暗号技術を用いて取引記録を中央管理者の介入なしに分散的に処理・記録する技術。ビットコインなどの暗号資産の根幹技術であり、データ改ざんがきわめて困難という特徴を持つ。

NFT……………………24ページ
非代替性トークン（Non-Fungible Token）。デジタルデータとして唯一無二の価値を持ち、他のものと替えがきかないトークン（＝「暗号資産」や「仮想通貨」）。画像、動画、音声などをNFT化できる。

バーチャルファースト……………………24ページ
バーチャルが優先される状態。メタバースが普及したのち、リアル（現実）で過ごす時間よりもバーチャル（仮想空間）で過ごす時間のほうが長くなること。

メタバース……………………24ページ
自分自身の分身であるアバターと呼ばれるキャラクターを操作し、それを通して活動し、他者と交流することができる仮想空間。主にVRゴーグルなどを装着してアクセスする。

IPコンテンツ……………………31ページ
IPとはIntellectual Propertyの略称で「知的財産」の意。漫画やアニメ、人気キャラクターなど知的財産権を有するコンテンツや、それを題材に使った作品（主にゲーム）のこと。

自由民主党デジタル社会推進本部……………………31ページ
自由民主党が創設した、日本のデジタル社会を実現するための政策を研究、検討する部会。2022年1月には、NFT政策検討プロジェクトチーム（現在はweb3プロジェクトチーム）を設置した。

第 **2** 章

「ブロックチェーン」って、なにがすごいの？

Web3を支える根幹的な技術が「ブロックチェーン」です。サトシ・ナカモトと名乗る人物がビットコインの論文を発表してから15年、その技術は日々進歩しています。本章では、ブロックチェーンの全体像を解説しながら、Web3時代に欠かせない理由を探ります。

Web3を支える「ブロックチェーン」とは何か？

POINT
ブロックごとにデータが記録され、つながっていく

謎の人物サトシ・ナカモトの論文がきっかけで誕生

さて、ここからは、**Web3を支えるきわめて重要で根幹的な技術「ブロックチェーン」**について見ていきましょう。

ブロックチェーンは、2008年にサトシ・ナカモトを名乗る謎の人物が、ビットコインの仕組みについての論文をインターネット上に発表したことで、世間に知られることになりました。

その技術自体はさほど目新しいものではなかったものの、仮想通貨の仕組みを非中央集権的に実現できる可能性を示したことは、人びとに多大なインパクトを与えました。そして2009年には、ビットコインネットワークの運用が開始されることになります。

ブロックチェーンは、**データが「ブロック」というかたまりごとにまとめられ、それらが1本の鎖（チェーン）のように、連結されていく仕組み**です。

過去に行われた取引内容などのデータが、分散的に管理されるようになっており、なおかつ1つのブロックにはその前のブロックの内容からただ1通りに決まる「ハッシュ値」が含まれるため、データの改ざんがきわめて難しくなっているのです（詳しくは38ページ）。

このように、**ブロックチェーンに記録されたデータを改ざんするのは非常に困難**であるために、Web2・0時代のような中央管理者が不在であっても取引の安全性を確保することができるようになり、**トラストレスなWeb3の実現が可能となった**というわけです。

お答えしましょう！

改ざんが困難で、中央管理者が必要なシステムからの脱却を可能にした、Web3を支える根幹の技術です。

■ ブロックチェーンが生まれた経緯

ビットコインに関する論文を発表します。
サトシ・ナカモト
この論文は、世界を変えるかもしれない！
ビットコイン誕生！

サトシ・ナカモトのビットコインに関する論文がきっかけとなり、ビットコインとブロックチェーンが誕生することになりました。

■ ブロックチェーンの仕組みとは？

ブロックには、取引内容を記録したデータが入っており、連結していきます。そして、ブロックには1つ前のブロックに関する「ハッシュ値」が記録されており、あるブロックを改ざんするには、それ以降のブロック全てを修正しなければならなくなるため、改ざんはほとんど不可能なのです。

あのブロックチェーンのこの記録を改ざんしてやろう……。
そこだけ改ざんしてもハッシュ値が合わないから意味ないよ！

KEYWORD

仮想通貨 …… ブロックチェーン技術に基づいた、インターネット上で取引可能な財産的価値。暗号資産とも呼ばれる。

ブロックチェーンは従来のシステムと何が違うの？

POINT
不特定多数の人がデータの正しさを保証する

同一の帳簿を複製し、複数箇所で保管することで、透明性と安全性を高めていることです。

■ ブロックチェーンを支えるマイニングとは？

ブロックチェーンのブロックを生成するには、マイニングという作業が必要になります。マイニングとは、前項に出てきたハッシュ値を導き出すために必要な値を計算して、誰よりも早く突き止める作業のこと。報酬として、新たに発行される暗号資産をもらうことができます。

中央管理者が不在でユーザー同士がつながる

ブロックチェーンは、従来のシステムと何がどう違うのでしょうか。Web2・0までのシステムには、中央管理者が存在し、情報のほとんど全てが一元的に管理されていました。また、情報の正当性については、中央管理者が保証することになっていました。

ところが、ブロックチェーンは、データをブロックと呼ばれるひとかたまりの単位で保存し、そのブロックをチェーンの

■ピア・ツー・ピア（P2P）システムの仕組み

取引記録のデータを1カ所に保存するのではなく、それらをユーザー同士が直接つながることで管理・維持しあう方式のことです。このため、ブロックチェーンは、従来のシステムよりも高い透明性と安全性を備えています。

ようにつなげていくことで管理していきます。

ユーザー参加型で情報の正当性を保証

そして、この**チェーンのようにつなげていく作業を、不特定多数の人びとに請け負ってもらう**のです。これが**「マイニング」**という作業です。マイニングに参加することで、最新のブロックのデータが確認され、それをチェーンの最後尾につなげることができます。そして、マイニングに成功した人には、その確認作業の報酬として暗号資産が支払われるのです。つまり、**マイニングの参加者（マイナーといいます）たちが、情報の正当性を保証している**のです。

さらに、ブロックチェーンでは、最新のデータは複製されて、同一の帳簿として複数の場所に保管されることで、高い透明性と安全性を誇っています。それは中央管理者を必要とせず、ユーザー同士が直接つながるピア・ツー・ピア（P2P）と呼ばれる方式で成立しているのです。

KEYWORD

ピア・ツー・ピア……ユーザー同士が中央管理者を通さずに直接つながることができる通信方式のこと。

ブロックチェーンが高い安全性を持っていると言われる理由は？

POINT
ブロックのデータを改ざんするのは、ほぼ不可能に近い

ハッシュ関数の特徴が暗号資産を支えている

ブロックチェーンが高い安全性と透明性を誇っている理由は、ハッシュ関数のおかげです。ハッシュ関数は、ブロックチェーン以前にもファイルの同一性の確認などで用いられてきた技術ですが、暗号資産の安全性を確保するための根幹的な技術として用いられています。

ハッシュ関数とは、入力されたデータから、異なる固定長（54ページ参照）のデータをランダムに導き出す計算法で、いくつかの特徴があります。

まず、同じ入力値に対しては、常に同じ値が出力されますが、一文字でも違えば、出力値は変わります。**入力が1ビットでも異なれば、出力されるハッシュ値も異なるものになり、改ざんが行われた際には、すぐさま検出されてしまいます。**

また、出力されたハッシュ値から、元の入力値を導き出すことはできません。今の代表的なハッシュ関数は、異なる入力値に対して全く同じ出力値が出てしまう確率が、2の256乗分の1という天文学的な確率になるように設計されています。

ハッシュ値は、左図のようにブロックチェーンのブロックとブロックをつなぐのに使われているため、データを改ざんするには同一のハッシュ値を生成しなければなりませんが、それをやろうとすると莫大な予算がかかるか、そもそも挑んだとしても不可能に終わるのです。

そのおかげで、**ブロックチェーンは従来の技術をはるかに超える安全性と透明性を誇っている**のです。

お答えしましょう!

改ざんするために必要な値を生成することが極めて難しい「ハッシュ関数」を使っているためです。

■ ハッシュ関数とは何か?

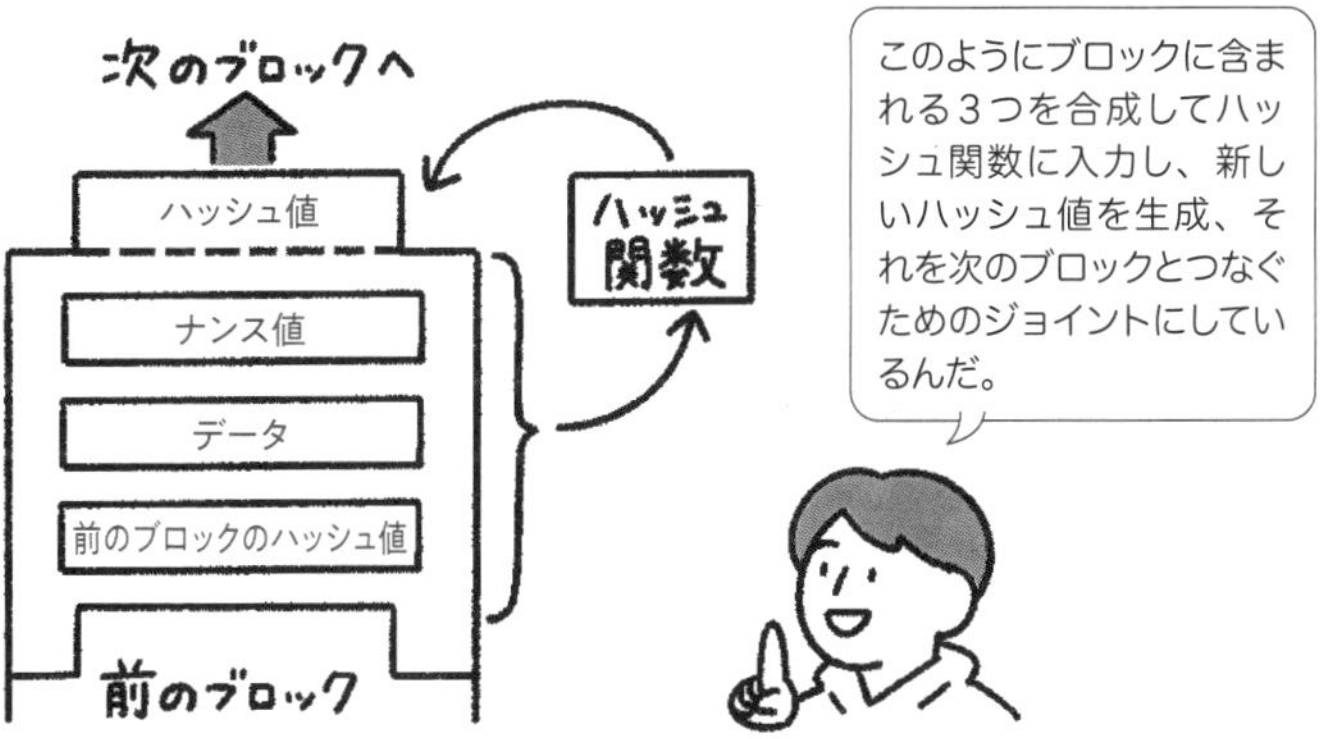
次のブロックへ
ハッシュ値
ナンス値
データ
前のブロックのハッシュ値
前のブロック
ハッシュ関数
このようにブロックに含まれる3つを合成してハッシュ関数に入力し、新しいハッシュ値を生成、それを次のブロックとつなぐためのジョイントにしているんだ。

ハッシュ値はなぜ安全なのか?

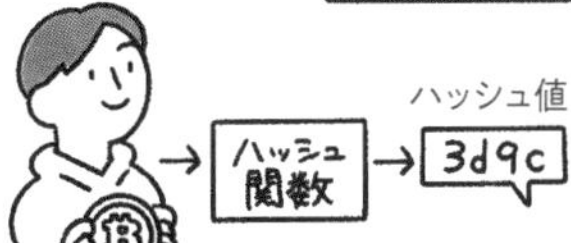
ハッシュ値
ハッシュ関数
3d9c

ハッシュ関数に入力すると、常に決まったハッシュ値が出力されますが、入力を一文字でも変えると異なる値が出てきます。

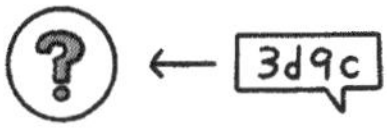
?
3d9c

ハッシュ値から、ハッシュ関数を通過する前の元の入力値を導き出すことはできません。

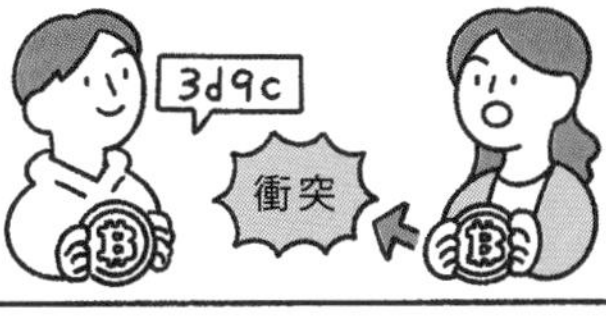
3d9c
衝突

異なる入力でも全く同じハッシュ値を出力することを「衝突」と言いますが、天文学的な確率でしか起きないとされています。

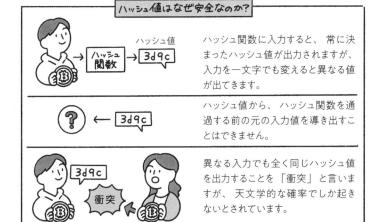

ブロックチェーンの発端となった「ビットコイン」とは？

お答えしましょう！

発行数量に制限があり、取引の安全性が高い暗号資産です。

■ ビットコインってどんな通貨？

【暗号資産である】
円やドルのような法定通貨とは異なり、硬貨や紙幣など目に見える実体を持っていません。

【管理主体が存在しない】
国、政府、銀行などの管理主体がありません。ブロックチェーン技術を用いて電子的な方法で記録されている財産的価値です。

【金融機関を介さずに送金ができる】
管理主体がなく、基本的に送金にかかる手数料が無料、または低額です。また、金融機関の営業日に関係なく世界中に送金できます。

【価格が変動します】
法定通貨と同じく価格が変動するため、投機対象にもなります。2023年2月現在は1BTCが300万円以上になっています。

【法定通貨と交換できる】
暗号資産取引所や交換所を通じて、円やドルといった法定通貨、または他の仮想通貨と交換することが可能です。

【発行枚数の上限が決まっている】
発行枚数の上限は2100万BTCと決められています。上限が設定されているため、古典的な意味でのインフレが起きることはありません。

POINT
ブロックチェーンによって管理主体を介さず送金が可能

ブロックチェーン技術はビットコインから始まった

ブロックチェーン技術は、もともと、ビットコインという仮想通貨を実現するために生まれたものでした。そのため、ブロックチェーンとビットコインは切っても切れない関係にあります。

ビットコインの運用が開始されたのは2009年1月で、その後もしばらくの間、1BTC（ビットコインの通貨単位）の価値は1円以下でした。ビットコインが初めて通貨として実際に使用

■ビットコインと電子マネーの違いは？

ビットコイン	電子マネー
・独立した通貨である	・法定通貨建ての支払・決済手段
・世界中に送金ができる	・同一アプリ内での送金はできる
・管理主体が存在しない	・特定の企業が発行・管理している
・手数料がかからないものも	・手数料がかかる（銀行口座への出金時など）
・価格が変動する	・価格は変動しない

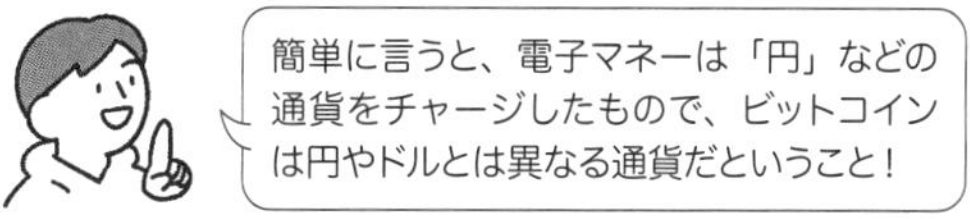
簡単に言うと、電子マネーは「円」などの通貨をチャージしたもので、ビットコインは円やドルとは異なる通貨だということ！

されたのは2010年のこと。アメリカ・フロリダ州のプログラマーが、1万BTCでピザ2枚を購入したのが最初の決済だと言われています。

1BTCは1円以下から770万円まで値上がりした

その後、ビットコイン、および仮想通貨への世界的な注目が徐々に高まっていき、ビットコインの価値も上がっていきました。ビットコインが最高値をつけたのは2021年11月で、一時、1BTCは約770万円まで値上がりしたのです。

ビットコインは、ブロックチェーン技術によって国家や銀行などの管理主体を介さずに、人びとが直接取引をすることが可能です。

また、マイニング（36ページ参照）によって取引の安全性が確保されています。ビットコインは、ブロックチェーン技術によって生まれた暗号資産（仮想通貨）の代表格といえます。

KEYWORD

ビットコイン……サトシ・ナカモトと名乗る人物が書いた論文をきっかけにブロックチェーン技術に基づいて開発された暗号資産。

Web3を支える技術

5

ビットコイン以外にもメジャーな暗号資産ってあるのですか？

POINT

将来性が約束されているわけではないので投資は慎重に

ビットコイン以外をアルトコインと呼ぶ

　ビットコイン以外の暗号資産をまとめて「アルトコイン」と呼びます。アルトコインとは、Alternative《オルタナティブ》 Coin《コイン》（代わりのコインの意）の略称です。

　アルトコインの代表格といえば、ビットコインに次ぐ時価総額を誇るイーサリアム（ETH、44ページ参照）でしょう。イーサリアムは分散型アプリケーションの「DApps《ダップス》」（112ページ参照）の開発基盤の代表格であり、その期待度は高いと言えます。

　その他のアルトコインとしては、暗号資産としては珍しく中央集権的なシステムを持ち、スムーズな国際送金を目標としているリップル（XRP）、オンラインカジノ・カルダノで利用できるエイダコイン（ADA）、セキュリティ性能が高くスケーラビリティ問題（72ページ参照）が発生しないポルカドット（DOT）などがあります。

　アルトコインは、ビットコインが抱えている弱点を改善、または、ビットコインの機能を強化しているものが大半を占めています。そのため、ビットコインと比べてどう違うのかといった視点から、アルトコインを検討するのがいいでしょう。

　ただし、ビットコインやアルトコインは、必ずしも将来性が約束されているものではないということは、頭に入れておきましょう。

　ちなみに、暗号資産の中でも時価総額と知名度が低く、投機性の高いコインは、英語でShit《シット》 Coin《コイン》、日本語で「草コイン」と呼ぶことがあります。

お答えしましょう!

暗号資産の時価総額2位のイーサリアムなど、多くのアルトコインが存在しています。

■ アルトコインとは?

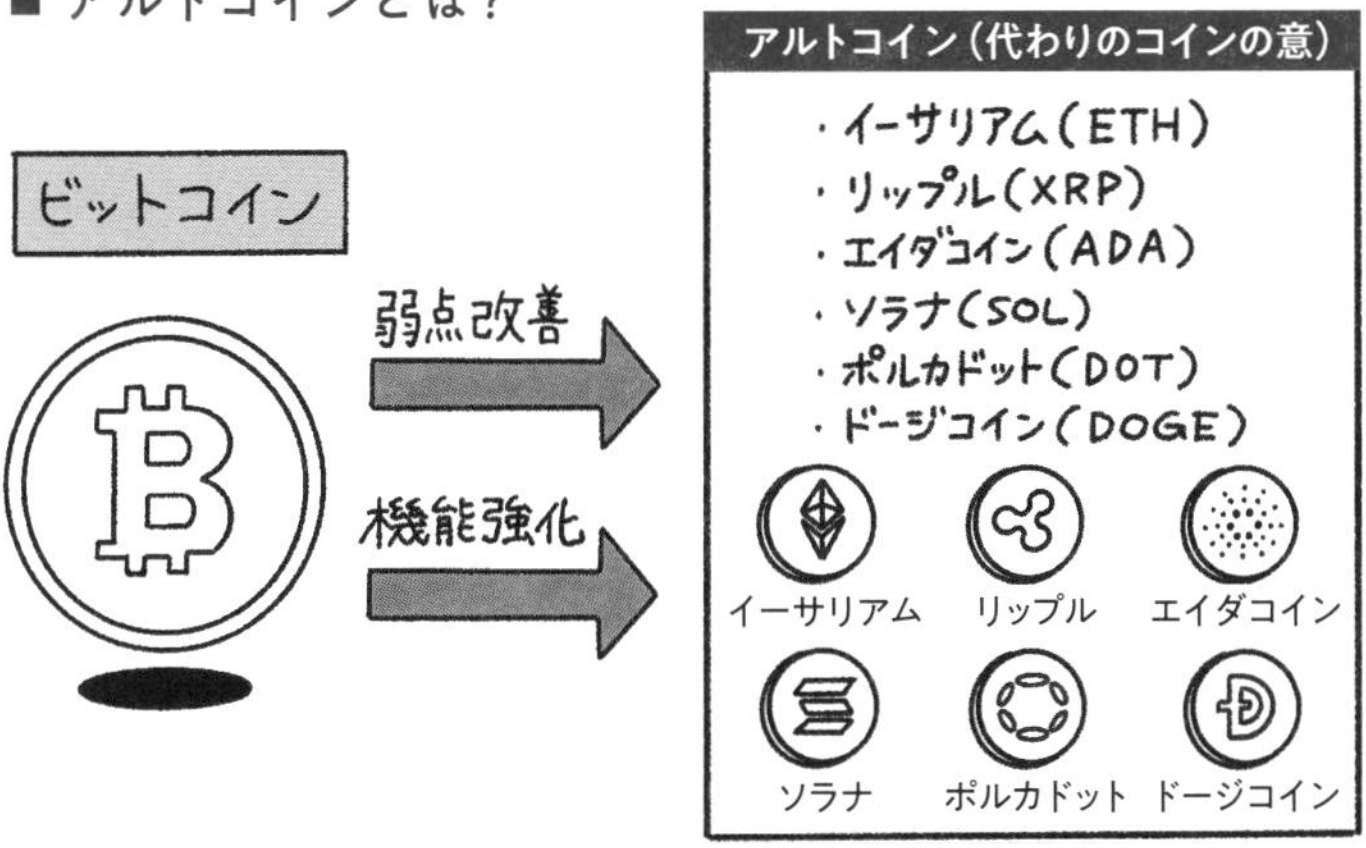
ビットコイン
弱点改善
機能強化
アルトコイン(代わりのコインの意)
・イーサリアム(ETH)
・リップル(XRP)
・エイダコイン(ADA)
・ソラナ(SOL)
・ポルカドット(DOT)
・ドージコイン(DOGE)
イーサリアム
リップル
エイダコイン
ソラナ
ポルカドット
ドージコイン

ビットコインもアルトコインも将来性が約束されているわけではないことに注意!

アルトコインを選ぶ際に気をつけるべきポイント

- 国内取引所で取り扱っているか
- 暗号資産として将来性があるか
- ビットコインと比べて何が違うのか
- 利用目的と運営元が明らかになっているか

KEYWORD

アルトコイン …… ビットコイン以外の暗号資産の総称。ビットコインの弱点を改善、または機能を強化したものがほとんど。

Web3を支える技術 6

ビットコインとイーサリアムの違いは何ですか？

POINT

NFTの大半はイーサリアム上で取引されている

イーサリアムの可能性はどんどん広がっている

暗号資産の世界で覇権を握っているビットコインですが、その最大のライバルはイーサリアム（Ethereum、ETH）です。

イーサリアムは、2015年に考案者のヴィタリック・ブテリンらによって共同創設されたプラットフォームで、時価総額は2023年2月時点ではビットコインに次ぐ2位につけています。

ビットコインが通貨としての機能しか持たないのに対し、**イーサリアムはそれを基盤としたさまざまなサービスが生まれている**という特徴があります。たとえば、イーサリアム上にDApps《ダップス》と呼ばれる分散型アプリケーションを作ることができ、そのアプリ上の暗号資産のような存在である「トークン」を発行することができます。

そして、今話題のNFT（非代替性トークン）も、もともとはイーサリアムに関連する形で世に出てきました。現在も多くのNFTは、イーサリアム上で取引が行われています。

また、分散型金融サービスのDeFi《ディーファイ》、ゲームをすることで暗号資産を獲得できるGameFi《ゲーミファイ》、ICO《アイシーオー》（新規仮想通貨公開）による資金調達なども、イーサリアムのブロックチェーンが基盤となって生まれ、利用されています。

このように、イーサリアムはビットコインにはできないさまざまなサービスの基盤となっています。**イーサリアムをベースとした新たな経済圏を創出した**と言っても過言ではありません。

お答えしましょう!

イーサリアムは、Web3をリードするさまざまなサービスの基盤であり、新たな経済圏を創出しています。

■ ビットコインとイーサリアムの違いとは?

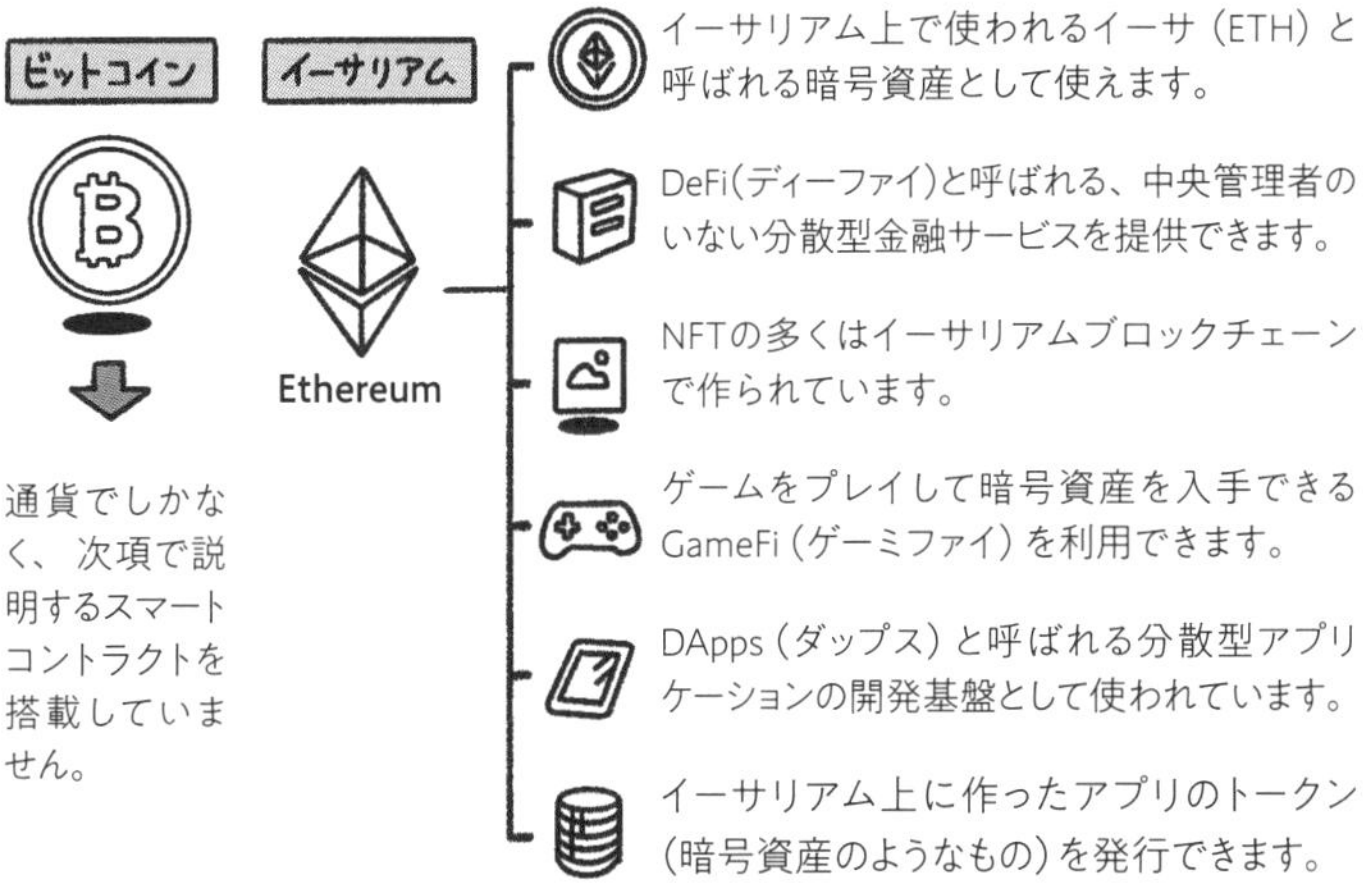
ビットコイン
イーサリアム
Ethereum
通貨でしかなく、次項で説明するスマートコントラクトを搭載していません。
イーサリアム上で使われるイーサ（ETH）と呼ばれる暗号資産として使えます。
DeFi（ディーファイ）と呼ばれる、中央管理者のいない分散型金融サービスを提供できます。
NFTの多くはイーサリアムブロックチェーンで作られています。
ゲームをプレイして暗号資産を入手できるGameFi（ゲーミファイ）を利用できます。
DApps（ダップス）と呼ばれる分散型アプリケーションの開発基盤として使われています。
イーサリアム上に作ったアプリのトークン（暗号資産のようなもの）を発行できます。

■ イーサリアムの人気を高めるサイクル

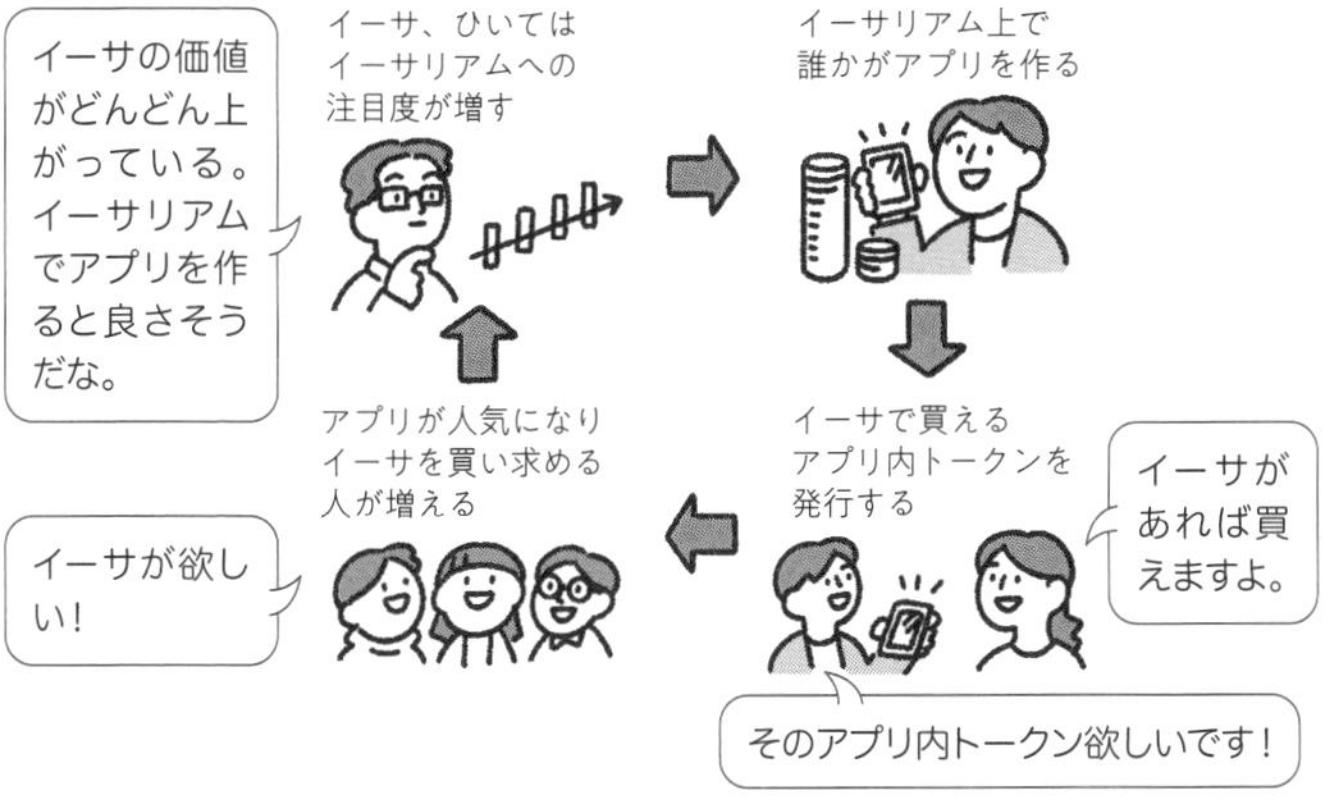
イーサの価値がどんどん上がっている。イーサリアムでアプリを作ると良さそうだな。
イーサ、ひいてはイーサリアムへの注目度が増す
イーサリアム上で誰かがアプリを作る
イーサで買えるアプリ内トークンを発行する
イーサがあれば買えますよ。
そのアプリ内トークン欲しいです!
アプリが人気になりイーサを買い求める人が増える
イーサが欲しい!

NFTに欠かせない「スマートコントラクト」って何のこと？

お答えしましょう！

仲介者を必要とせず、事前定義から決済まで取引が自動化される機能です。

■ 従来の契約とスマートコントラクトの違い

従来の契約は？
絵を売りたい人
仲介者
絵を買いたい人
スマートコントラクトは？
絵を売りたい人
絵を買いたい人

仲介者が手数料を取っていました。そのため仲介者は、買いたい人と売りたい人の情報を握り、なおかつ手数料や売買のルールなどを自由に決めることができました。

仲介者がいなくても買いたい人と売りたい人が直接つながることができるので、手数料の負担、ユーザー情報の漏洩などのリスクが大幅に減ることになります。

NFTと切っても切れない新しい契約の形態

最近、ゲームやアートの分野で話題になっているNFT（非代替性トークン）にとって欠かせないのが、**スマートコントラクト**と呼ばれる技術です。

スマートコントラクトは、法学者で暗号学者でもあったニック・ザボが提唱した概念を、イーサリアムの考案者ヴィタリック・ブテリンがイーサリアム上で開発・提供したもので、**「契約の自動化」を実現する機能**です。

POINT

自動販売機で何かを買うように契約を結べるシステム

■スマートコントラクトは自動販売機にたとえられる

【契約が事前に定義される】
ジュースの価格は前もって決められる。

↓

【条件に従った入力を受け付ける】
買いたい人はコインを入れて、ジュースを選ぶだけで購入ができる。

↓

【契約の自動的な履行】
商品が自動販売機から自動的に出てくる。

スマートコントラクトは、このような仲介者不在の安全な取引が、多くの分野で行われることを可能にするかもしれません。

契約の自動化で さまざまなリスクを低減

従来の契約では仲介者が必要だった取引を、スマートコントラクトでは、仲介者なしで行うことが可能になりました。スマートコントラクトがどのように機能するかは、上図のように自動販売機にたとえられます。

あらかじめ定められたルールに従って、契約が自動的に進められ、完了するというわけです。

これによって、**従来の契約に存在した、仲介者によって手数料の決定やユーザー情報の管理が恣意的になされてしまうというリスクをかなり減らすことができるようになります**。このスマートコントラクトは、NFTの取引や、分散型金融サービス（DeFi）などにも使われており、近年、注目を集めています。

ちなみに、スマートコントラクトを活用して運営される、中央管理者を持たないネットワーク型組織のことをDAO《ダオ》（分散型自律組織）と呼びます。

KEYWORD

スマートコントラクト……仲介者を必要としない自動化された取引をブロックチェーン上で実現する技術。

NFTや暗号資産を守る「ウォレット」とは？

POINT
NFTなどを動かすのに必要な秘密鍵は実印に相当する

ウォレットにはホットとコールドの2種類がある

暗号資産やNFTを取り扱う上で不可欠なのが**「ウォレット」**です。これは、デジタル資産を預かる、ブロックチェーン上のアカウントのようなもの。銀行における預金口座に相当します。

そして、このウォレットにある暗号資産やNFTを動かすのに必要な情報のことを「秘密鍵」と呼びます。これは、銀行取引における実印に相当します。私たちは秘密鍵を使って、それに対応するアドレスに保管されている残高を送金したりします。また、**ウォレットを複数持つことで自分の資産を分散して保管することができます**。

ただし、秘密鍵は、他人に知られてしまうとウォレットにある暗号資産を盗まれてしまうことがあるため、きちんと管理しなければいけません。

ウォレットには、**ホットとコールドの2種類があります**。「ホットウォレット」はネットワークに接続された端末などで秘密鍵を管理する仕組みであるため、ハッキングやウイルス感染の危険性はあるものの、残高照会・送金などを迅速に行うことができます。

一方の「コールドウォレット」は、オフラインで秘密鍵の管理を行うため、即時送金は難しくなる反面、ハッキングなどの被害に遭いにくくなります。ただし、秘密鍵を保管している書類やディスク媒体を紛失してしまうリスクがあります。

暗号資産を管理する場合には、特徴を十分に理解した上で、使い分ける必要があります。

お答えしましょう！

あなたの暗号資産を保管するブロックチェーン上のアカウントのようなもので、銀行における預金口座です。

■ 秘密鍵とは「実印」である

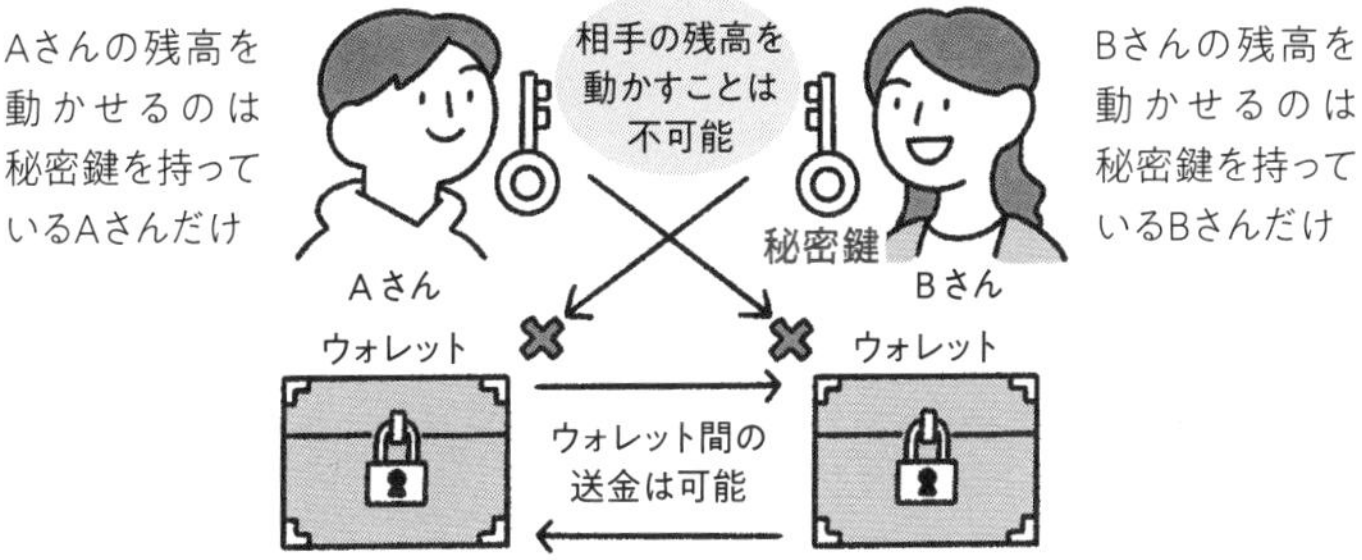

Aさんの残高を動かせるのは秘密鍵を持っているAさんだけ
相手の残高を動かすことは不可能
Bさんの残高を動かせるのは秘密鍵を持っているBさんだけ
秘密鍵
Aさん
Bさん
ウォレット
ウォレット
ウォレット間の送金は可能

■ ホットウォレットとコールドウォレット

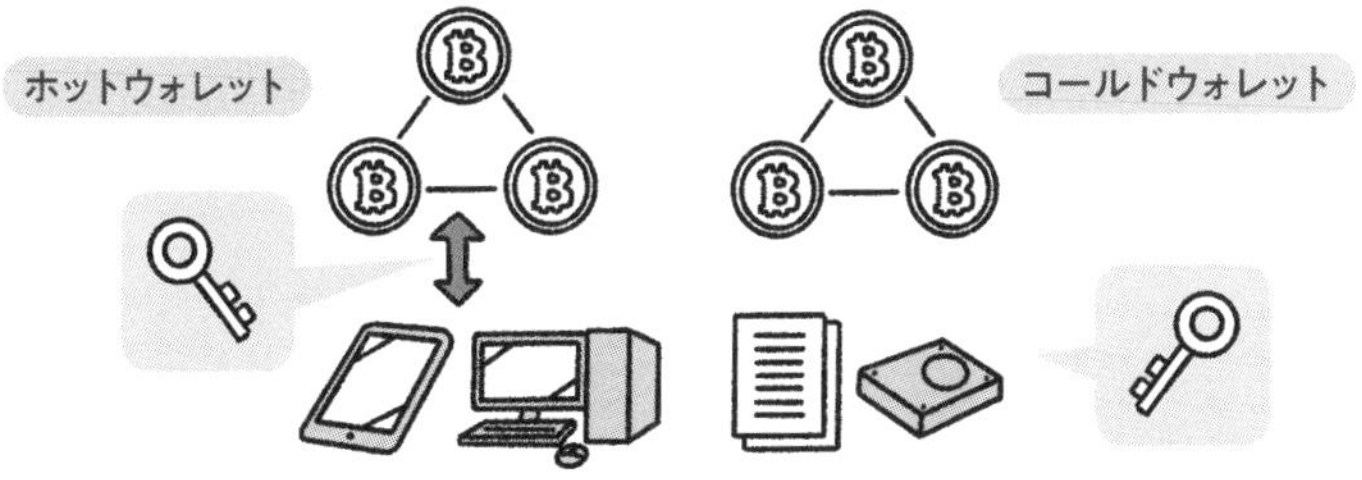

ホットウォレット
コールドウォレット

ホットウォレット	コールドウォレット
・秘密鍵はオンラインで管理 ・スムーズな送金、残高確認が可能 ・ただし、ハッキングやウイルス感染のリスクあり	・秘密鍵はオフラインで管理 ・送金に時間がかかってしまう ・秘密鍵が保管されている物理的媒体を紛失するリスクあり

KEYWORD

秘密鍵 …… 暗号資産を管理するウォレットの残高を動かすために必要な情報。

Web3を支える技術

9

NFTや暗号資産の送受信に手数料がかかるのはなぜ？

お答えしましょう！

NFTや暗号資産を発行・送信する際に「マイナー」の力を借りるからです。

■トランザクションとは？

トランザクションは金額、宛先などを証明した小切手、または同意書のようなもの。秘密鍵を使って電子署名を行います。

➡発行する際に、手数料がかかる

ガス代の高騰はイーサリアムの課題

中央管理者のいないブロックチェーン上の取引では基本的には手数料が無料か、かかったとしてもとても安価で済みます。しかし、イーサリアムでNFTや暗号資産を送信する際には、**「ガス代」と呼ばれる手数料がかかります。**

ブロックチェーン上で、NFTを発行したり、送信したりする際には、**「トランザクション」と呼ばれる送信指示書**を作成し、そこに秘密鍵で電子署名

POINT

処理の優先度を上げてもらうためにガス代を支払う

■ なぜガス代が高騰するのか？

この暗号資産を送金してください。
Aさん
暗号資産
私もお願いします。Aさんより高い手数料を払います。
Bさん
暗号資産
わかりました。Bさんが優先になります。
マイナー

処理能力が追いつかないほどユーザーの増加が続いているため、ガス代は高騰しています。

を行う必要があります。このトランザクションは、一度に処理できる数に限りがあるため、ガス代と呼ばれる手数料を多く支払った人のほうが優先的に記録してもらえるのです。

イーサリアムが抱えていたスケーラビリティ問題

ちなみに、ガス代はブロックチェーン上でトランザクションの処理を行ってくれるマイナーに対して支払われます。

ガス代は一律料金ではなく、トランザクション処理にかかる負担が大きいほど、つまり処理が複雑になればなるほど、高くなります。また、取引量が増えれば増えるほど、トランザクションが溜まってしまうので、優先度を上げてもらおうとするとガス代が高騰していきます。

とくにガス代の高騰が問題となっていたイーサリアムでは、「シャーディング」という新たな仕組みを導入し、1秒間あたりのトランザクション処理件数を大幅に増加させることによって、スケーラビリティ問題を解決し、ガス代の問題を解消することなどを内容とする大型のアップデートが計画されています。このアップデートは**「イーサリアム2・0」**と呼ばれ、着々と進行しています。

イーサリアムにはどんな課題があるの？

POINT
現在はイーサリアム以外の選択肢も増えつつある

イーサリアムキラーと呼ばれるプロトコルも

通貨としての機能以外に、アプリケーション開発などに利用できるタイプのブロックチェーンプラットフォームの仕組みを**「ブロックチェーンプロトコル」**と呼びます。その代表格は、イーサリアムのプロトコルです。

NFTへの注目度が高くなるにつれて、NFTの最初期に共通規格を定めたイーサリアムの存在感も日に日に大きくなってきていますが、前項で述べたようにイーサリアムはさまざまな課題を抱えています。

その課題には、イーサリアムの考案者であるヴィタリック・ブテリンがブロックチェーンの「トリレンマ※」と呼んだ事象が関わっています。これは、ブロックチェーンが**「スケーラビリティ」「セキュリティ」「分散性」という3つの要素のうちのどれか2つを重視すると、残りの1つが犠牲になってしまう**という事象のことです。

イーサリアムは、セキュリティと分散性を重視した結果、スケーラビリティを犠牲にすることとなり、急増するサービス利用者とトランザクションのために処理が追いつかないという問題を抱えることとなりました。

その問題意識から、他のブロックチェーンプロトコルが続々と登場しました。それらは、ガス代が安い、処理能力が高いなどイーサリアムの課題を解決するためのさまざまな特徴を備えています。なかには**「イーサリアムキラー」と呼ばれるものもあり、今後シェアを伸ばしていく**と見られています。

※日本語では「三律背反」（なお「二律背反」＝「ジレンマ」）

お答えしましょう!

スケーラビリティを犠牲にした結果、処理が追いつかないという問題があります。

■イーサリアムが抱えている課題とは?

急増する利用者に対して、処理速度が追いつかない……。
スケーラビリティとは、拡張性という意味で、システムなどが利用負荷に対応できる度合いのことを言うよ。

イーサリアムはセキュリティと分散性を重視した結果、利用者とトランザクションが増えると処理が追いつかない状態になっています。

■NFT関連のブロックチェーンプロトコルのシェア

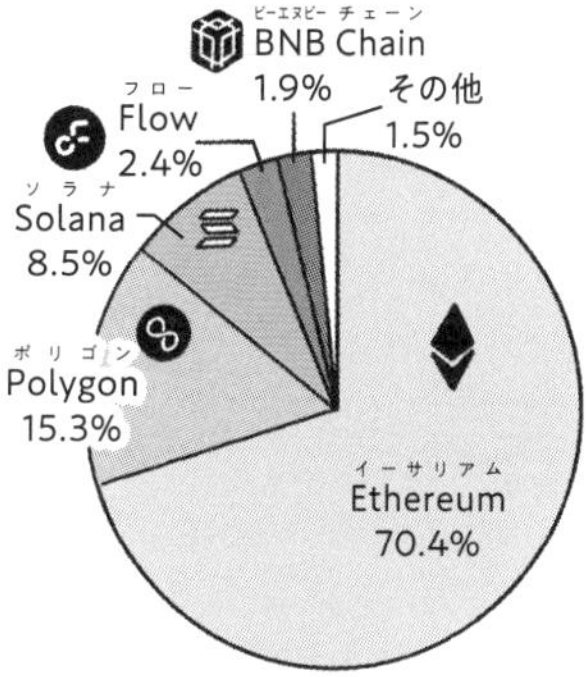

BNB Chain《ビーエヌビー チェーン》
1.9%
その他
1.5%
Flow《フロー》
2.4%
Solana《ソラナ》
8.5%
Polygon《ポリゴン》
15.3%
Ethereum《イーサリアム》
70.4%

もともとはイーサリアムの一人勝ちだったけど、最近ではそういうわけでもなくなってきているね。

イーサリアムとの互換性を持ちながら処理を簡略化するブロックチェーン、データ更新のためのルールそのものを変更して処理を効率化したブロックチェーンなど、多くのブロックチェーンが生まれています。

※『未来ビジネス図解 これからのNFT』(エムディエヌコーポレーション)を参考に作成

KEYWORD

イーサリアムキラー……イーサリアムの課題を解決するための特徴を備えた、イーサリアムの対抗馬として開発された競合のブロックチェーン。

サトシ・ナカモト……………34ページ
ビットコインの開発者とされている人物。2008年に『ビットコイン：P2P電子通貨システム』と題した論文を発表。正体は不明で日本人かどうか、個人かどうかも定かではない。

マイニング……………37ページ
ブロックチェーンネットワークにおいて、新たなブロックを追加する権限を得るため、複雑な計算作業に参加すること。成功報酬として新たに発行される暗号資産を得ることができる。

固定長……………38ページ
データや要素、領域などのデータ量や個数が決まっていること。

ビット……………38ページ
情報量の世界最小単位。コンピュータなどにおいて、0か1かの2つの選択肢から1つを特定できるだけの情報量を表す。二進数の1桁と同義。

GameFi《ゲーミファイ》……………44ページ
ゲーム（Game）とファイナンス（Finance）を合わせた造語。プレイヤーが暗号資産やNFTなどの収益を上げることができるゲームサービスや、プレイヤーに対してデジタル資産を貸し出すことで収益を上げる仕組みなどの総称。ブロックチェーンゲーム、NFTゲームとも。

ICO《アイシーオー》**（新規仮想通貨公開）**……44ページ
Initial Coin Offering（イニシャル・コイン・オファリング）の略称。企業などがブロックチェーン上にトークンを発行して、公に法定通貨、または暗号資産の調達を行うこと。IPO（新規上場株式）に比べてスムーズに資金調達が行える。

イーサ（ETH）……………45ページ
分散型アプリのプラットフォームである「イーサリアム（Ethereum）」内で使われる暗号資産の単位。日本では、「イーサリアム」と呼ぶ人も多く、本書でもイーサリアムと表記している。

DAO《ダオ》……………47ページ
分散型自律組織(Decentralized Autonomous Organization〈ディセントラライズド・オートノマス・オーガナイゼーション〉)の略称。特定の中央管理者が存在しないが、ある目標を達成するためのプロジェクトを推進できる新しい組織形態。

ガス代……………50ページ
イーサリアムにおける取引のための「トランザクション」を実行する際、プログラム処理のためにユーザーが支払わなければならない手数料。イーサリアムをシステムと捉えた場合に、そのシステムを動かす燃料であることからガス代と呼ばれる。

イーサリアムキラー……………52ページ
イーサリアムが抱えるスケーラビリティ等のさまざまな問題を解決するために開発された新興ブロックチェーンプラットフォームの総称。イーサリアムのライバルになり得ることからキラーと呼ばれる。

スケーラビリティ……………52ページ
拡張性。あるシステムやネットワークなどが、利用者規模や作業量の増大による負荷に耐えられる度合いのこと。多くのブロックチェーンネットワークがこの問題を抱えている。

第3章

最近よく聞く「NFT」って、結局なんですか？

デジタルアートが高値で取引され、一気に注目を集めた「NFT」。いまや、アートの枠を超え、さまざまな分野での実用化が期待されています。本章では、概念的な説明や注目を集める理由はもちろん、活用方法や法的解釈など、さまざまな観点からNFTの真髄に迫ります。

そもそも「NFT」とは何ですか？

お答えしましょう！

仮想通貨とは異なり、1つひとつが替えのきかないものとして区別され発行・取引できるトークンです。

■NFTってどういう意味？

NFT ＝ N＝Non（非）
F＝Fungible（代替性）
T＝Token（代用貨幣）

NFTはさまざまな情報やデジタルコンテンツと紐付けることができるので、ゲーム内アイテム、デジタルアート、トレーディングカード、オンラインチケット、不動産など幅広い分野での活用が期待されているよ。

POINT

Web3時代の幅広い分野で活用が期待されている

ビットコインとNFTは対照的なもの

NFTは、日本語に訳すと**「非代替性トークン」**といいます。トークンとは、メダルや引換券のような、お金の代わりになるし、あるいは象徴を意味する英語です。つまり**NFTとは、他と取り替えがきかないデジタルトークン**という意味となります。

左図のように、替えのきくトークン・FT（代替性トークン）であるビットコインは、Aさんが持っているものもBさんが

■ NFTとFTの違いとは?

NFT(非代替性トークン)
画家の署名入りデジタル原画
大量生産されたポスター
基本的に異なるものであって、当然、区別される
FT(代替性トークン)
Aさんのビットコイン
Bさんのビットコイン
基本的に同じものであって、交換しても結果が同じ

持っているものも違いはありません。ですから、AさんのビットコインをBさんのそれと交換しても何の問題もありません。

ところが、NFTは、**1つひとつが区別できるトークンとして発行され、足したり割ったりできない**点で、大きく異なります。

数十億円で落札されるNFTが登場し話題に

最初にNFTへの注目が集まったのはアート分野です。

デジタルアートの世界では、データが簡単に複製できるため、作品を一点一点販売することが難しいといわれていました。

そこで、唯一性のあるトークンであるNFTを作品に関連付けて発行して、それをオーナーシップの証としようというアイデアが生まれたのです。

とくに2021年3月に約75億円で落札されたNFTは大きな話題を呼び、NFTに対する世界的な注目を集めるきっかけとなりました。

KEYWORD

NFT……1つひとつが替えのきかないものとして区別して発行・取引できるトークン。

NFTにはどんな特徴がありますか?

POINT
唯一性のあるトークンが取引を通じて流通し得ることが大きな特徴

ブロックチェーンの2つの特徴

NFTには、2つの大きな特徴があります。1つ目は**「唯一性」**。NFTはブロックチェーン技術によって、唯一無二のデジタルトークンであることを示す識別情報を与えられます。他のトークンと区別され、足したり割ったりできないことで、あたかも1つのモノであるかのように扱うことができ、いろいろな情報や権利と紐付けて取引をしやすくなるといえます。

2つ目の特徴は、**「取引可能性」**です。NFTは、ブロックチェーン上に存在するデジタルトークンです。当然、買ったり売ったり、オークションに出品したりといった「取引」が可能です。しかも、ブロックチェーン技術によって、信頼性と安全性の高い取引を、スムーズに行うことができるのです。

なお、このほか、NFTの取引が行われると発行者にロイヤリティが支払われることを特徴として挙げる人もいますが、これはNFTマーケットプレイスの仕組みとして実現されているものですので、NFT自体の特徴とは区別すべきでしょう。

たとえば、あるマーケットプレイスであなたが制作したNFTアートを販売する前に、そのNFTが転売される場合には5%のロイヤリティが支払われるというルールを決めておけば、自動的にロイヤリティを徴収し、実際に転売されるたびに自動的にロイヤリティが徴収され、あなたに振り込まれます。しかし、別のマーケットプレイスではそのルールは通用せず、ロイヤリティは徴収されません。

お答えしましょう!

唯一性、取引可能性の2つが、NFTの最大の特徴です。

■ NFTの持つ2大特徴とは?

唯一性

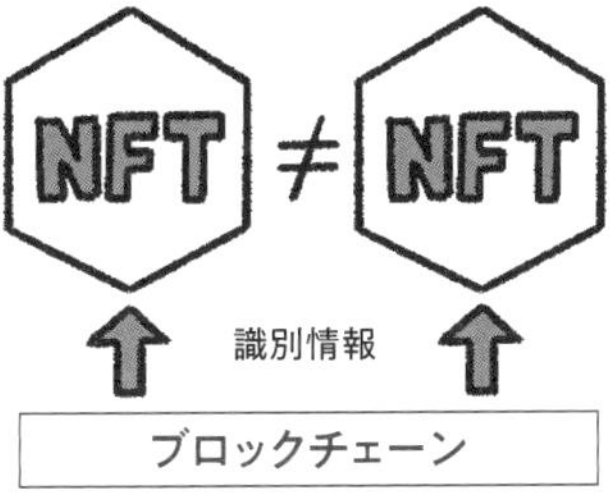

ブロックチェーン技術により、NFTに対して唯一無二であることを保証する識別情報が与えられているため、1点モノとしての価値が担保されています。

取引可能性

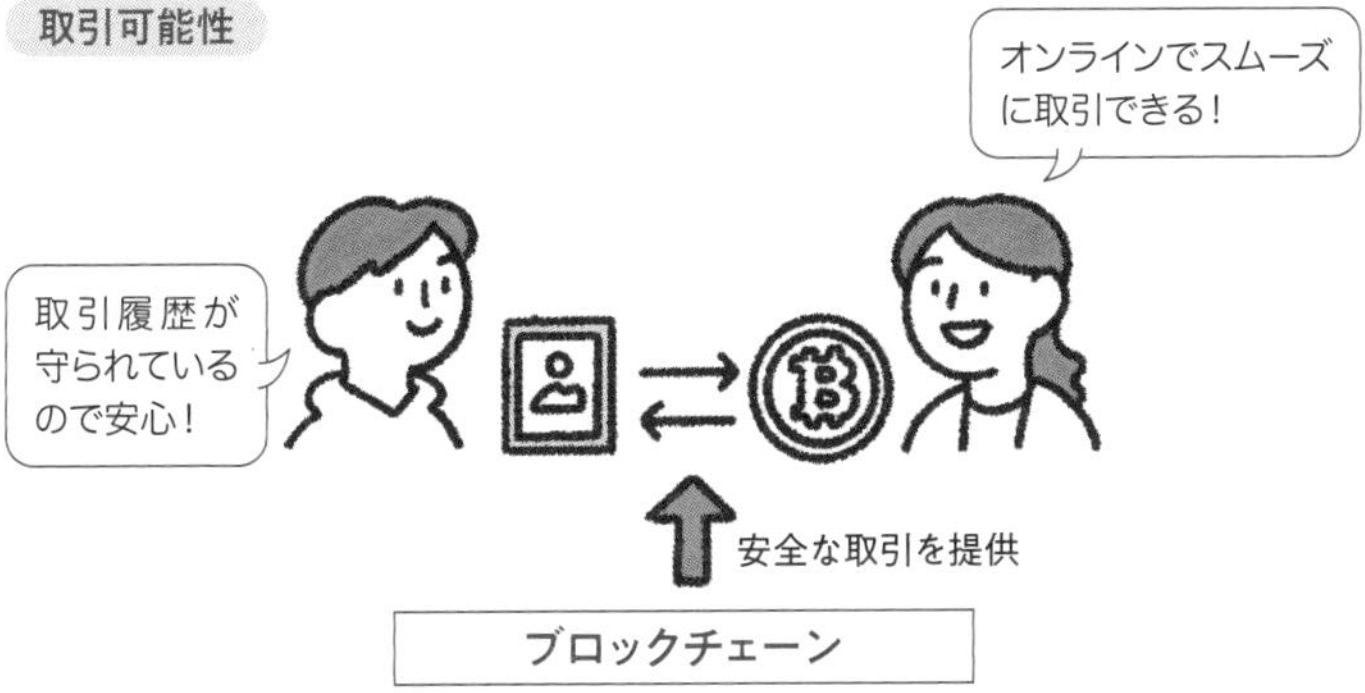

所有者の情報、売買履歴などがブロックチェーン上に保管され、改ざんが困難なため、信頼性と安全性の高い取引が可能となっています。

なぜ今、NFTが注目を集めているの？

お答えしましょう！

多くの人がデジタルコンテンツとNFTを関連付けて保有・取引できることを知ったからです。

■ NFTが注目されている理由とは？

コンテンツがあれば
すぐに参入できるから

すでにコンテンツを持っているクリエイターやゲーム開発者にとっては、参入障壁が低く、気軽にコンテンツをNFT化できるためです。

視覚的なコンテンツで
わかりやすいから

あのアートも、スニーカーもかっこいい！

NFTは暗号資産とは違い、視覚的なコンテンツであるため、誰にでもわかりやすくキャッチーであることが強みです。

高額落札されたデジタルアート

NFTが急速に注目を集め始めたのは、2021年のことでした。同年3月、老舗オークションハウス「クリスティーズ」で、デジタルアーティストのビープルが制作したデジタルアート作品が、日本円にして約75億円という高額で落札されたことが伝えられ、にわかにNFTが脚光を浴びるようになったことがきっかけでした。

　その後も続々とアート作品や映像コンテンツなどが高額落札

POINT

視覚的でわかりやすいキャッチーさゆえ、急速に知れ渡った

■NFTが持つさまざまな魅力

少ない手数料で発行できる

気軽に発行できて
助かる！

容易にグローバル展開が可能

海外
日本

されるに従い、世界中の人びとが**「NFTという仕組みを通じてデジタルコンテンツを購入し、保有することができるようになった」**ということを認識するようになりました。

さまざまな要因がNFTの追い風に

つまり、もともとコピー可能であるため取引が難しいと考えられてきたデジタルコンテンツが、NFTにより1つひとつ取引が可能になったということに、多くの人が気づいたのです。コンテンツの**デジタルアセット**（アセットは資産の意）**化の方法論**が生まれたといえます。

NFTへの注目度を高めた要因はそのほかにもありました。右図で示したように、NFTは視覚的なコンテンツが多いためにキャッチーでわかりやすかったこと、コンテンツホルダーなら誰でも気軽に参入できること、グローバル展開が容易にできること、コンテンツ制作者が安い手数料で気軽にNFTを発行できることなども挙げられます。

KEYWORD
デジタルアセット……デジタルデータが資産として捉えられること。NFTがその実現を促進した。

NFTの概要

4

なぜNFTは、高値で販売されているの？

POINT

ゲームのキャラクターが資産になった画期的な事件

レアな猫を求めて投資家が集まった

　NFTの概念が誕生し発展するきっかけになったとされるのが、2017年11月頃にリリースされた世界初とも言われるブロックチェーンゲーム、CryptoKitties《クリプトキティーズ》です。架空の猫のキャラクターを暗号資産・イーサリアムを使って売買したり、レンタルしたり、複数の猫を掛け合わせて交配して新しい猫を作ったりすることができるゲームでした。

　ゲームの内容だけを聞けば、それほど目新しい要素はなさそうに感じますが、このゲームの猫たちはNFT化されていたため、ブロックチェーン上で唯一無二にして、かつ本物であることが確認できるデジタルコンテンツとなったのです。これにより自分が保有する猫たちが、あたかも独立した資産のように保有・取引できるものになり、多くのプレイヤーが参入するようになりました。

　ゲームでは、猫同士を交配させると、2匹の猫の識別情報がさながら遺伝子のように組み合わさって次の代の猫に引き継がれていく仕組みがあり、まれに突然変異によって非常に珍しい猫が生まれることがありました。

　そして、ユーザーが増えるにつれ、レアな猫の希少価値が高まっていき、1000万円以上の値がつく猫も現れました。

　このように**NFTは、希少性、転売可能であること、ブロックチェーンへの賛意の表明手段、投機的思惑など、さまざまな理由から価格が上昇**し、結果、NFTそのものへの関心が高まるきっかけになりました。

お答えしましょう！

希少性、転売可能性、ブロックチェーンへの賛意の表明手段、投機的思惑など、さまざまな理由が挙げられます。

■ CryptoKitties《クリプトキティーズ》をきっかけにNFTが広まった

僕の猫は唯一無二であり、かつ、本物だ！
ブロックチェーン

世界初とも言われるブロックチェーンゲーム、CryptoKittiesでは、プレイヤーは猫のキャラクターを収集、売買、交配することができます。それぞれの猫には、ブロックチェーン上の記録により、唯一無二かつ本物であることが確認できます。

■ CryptoKittiesのNFTが高額になった理由

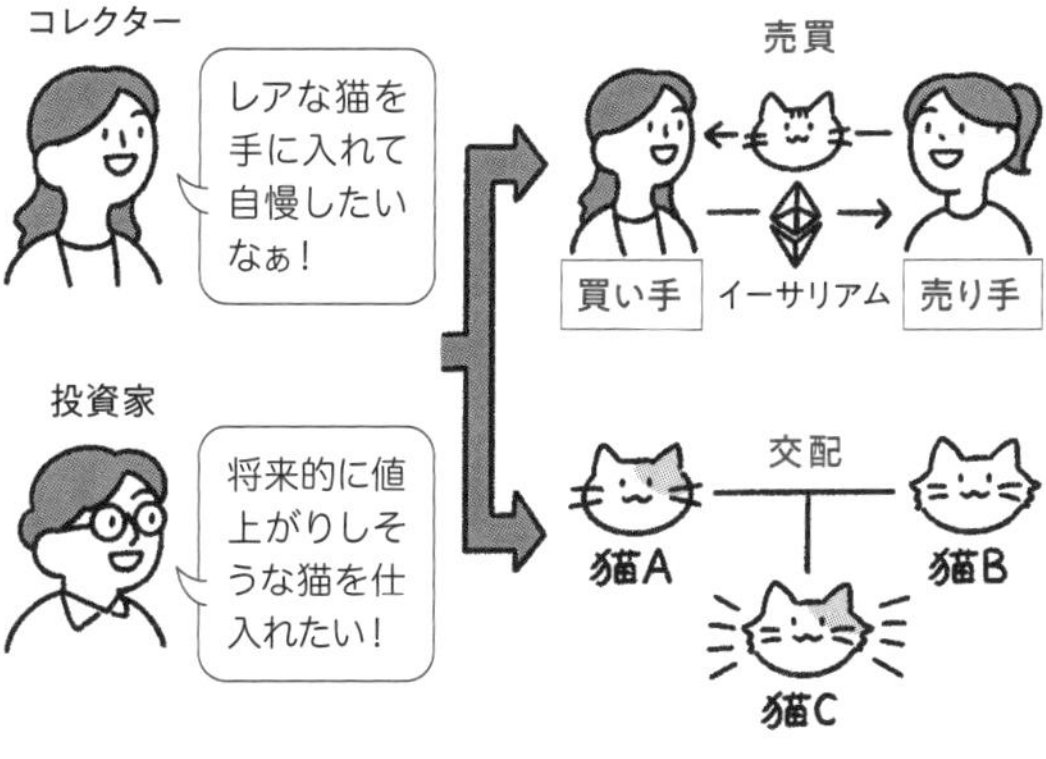
コレクター
レアな猫を手に入れて自慢したいなぁ！
投資家
将来的に値上がりしそうな猫を仕入れたい！
売買
買い手
イーサリアム
売り手
交配
猫A
猫B
猫C

猫を交配することで突然変異により珍しい猫が生まれることがあり、猫によっては希少度が高くなります。さらに、投機目的の人も巻き込んで、レアな猫の争奪戦のような状況が生まれたのです。

KEYWORD

CryptoKitties《クリプトキティーズ》 …… NFTの最初のユースケースと言われるブロックチェーンゲーム。唯一無二の識別情報を持つ猫を収集、売買、交配することができる。

NFTの概要

5

なぜNFTは、これほど一気に普及したの？

お答えしましょう！

視覚的なわかりやすさとNFTの標準規格が早い段階で決まったからです。

■ NFTが一気に普及できたワケとは？

規格のせいであれこれ悩む必要がないなら、どんどん作ろう！
標準規格で作れば、NFTマーケットですぐに売ってもらえるわけだね。
NFTの標準規格が決まったよ！
ERC-721

NFTが一気に普及した理由は、NFTの標準規格が早い段階で決まったからでした。2017年9月に提案され、その後標準として採択されたERC-721がCryptoKittiesなどの収集性の高いNFTに使われ、NFTの発行に用いる規格として定着していきました。

一気に普及できたのは標準規格が早く決まったから

なぜNFTはここまで一気に普及することができたのでしょうか。まず、NFTは、暗号資産に比べて視覚的でわかりやすかったという理由が挙げられます。しかし、それだけでは、ここまで多くのNFTがこれほど短期間に作られることはなかったでしょう。

NFTが一気に普及した背景には、その標準規格が早い段階で決まっていたことがあります。

POINT

暗号資産の標準規格とNFTの標準規格は分かれている

■イーサリアムにおけるさまざまなトークンの規格

イーサリアムの規格	トークンの種類	活用事例
ERC-20	FT	暗号資産など
ERC-1155	SFT	OpenSea上で作られたNFTなど
ERC-721	NFT	NFTアート、マーケットプレイスなど
ERC-3525	SFT	ブロックチェーンゲームアイテムなど
ERC-4907	NFT	ブロックチェーンゲームなど

FT（Fungible Token）とは、代替可能なトークンのこと。SFT（Semi-Fungible Token）とは、特定の条件に従ってFTがNFTに変化するもの。

2017年9月、NFT規格として「EIP-721」が提案され、のちに「ERC-721」として採用されました。もともと、暗号資産の標準規格としてはERC-20がすでに存在していましたが、ここでNFTの発行に適した規格が誕生したことになります。

参入企業が少なかったことが功を奏した

本来、標準規格を巡る対立が解消するには長い時間を必要としますが、Web3には規格争いを繰り広げるほどの大企業が参入していなかったため、ERC-721は参入企業間でかなりスムーズに採択され、そのおかげでNFTが急速に普及することになったのです。

この規格に基づいて作られたNFTであれば、トークンを扱うウォレットやマーケットプレイスなどERC-721に対応した多くのサービスにおいて、そのまま扱ってもらうことができます。

KEYWORD
ERC-721……NFTの標準規格。イーサリアムのウェブサイトなどで仕様が公開されており、誰でも確認できる。

NFTビジネスにはどんな参入方法があるの？

POINT
もっとも参入しやすく利益を上げやすいのはコンテンツ層

NFTビジネス参入にはまずレイヤーを見極めよ

これからNFTビジネスに参入したいという方にとっては、どんな参入方法があるのか？ということは、気になるポイントだと思います。NFTビジネスは、大きく3つのレイヤー（階層）に分かれています。

まず、1つ目のレイヤーはコンテンツ層。これは、**クリエイターやIPホルダー（左ページ参照）の企業などが、コンテンツを販売して利益を上げようとするレイヤー**です。このレイヤーに参加するのがもっともハードルが低く、ユーザーも多く存在しています。クリエイターやIPホルダーは、コンテンツさえ持っていればよいので、これまでのコンテンツ・ビジネスとさほど変わりません。

2つ目のレイヤーはユースケース層。このレイヤーは、**企業がNFTを利用したゲーム、コミュニティ・サービス、NFTを販売するマーケットプレイスなどを新規事業として立ち上げて利益を上げようとするレイヤー**です。ブロックチェーンに対応した自前のシステムを開発しなければならないので、コンテンツ層に比べるとユーザーはやや少なくなりますが、参入の余地はあります。

3つ目のレイヤーはインフラ&プロトコル層。**スタートアップ企業、SIer《エスアイヤー》（86ページ参照）などが、NFT関連のビジネスのためにブロックチェーンという基盤そのものにアプローチするレイヤー**です。参入のハードルは高く、またユーザーも少ないので実例もかなり少なくなっています。

お答えしましょう！

NFTビジネスの3つのレイヤー（階層）によって、参入方法とハードルの高さが変わります。

■どのレイヤーでNFTビジネスに参入するか？

コンテンツ層
クリエイター
作品をNFT化し、直接販売する
企業
保有するIPを販売 or ゲームとコラボする
マーケットプレイス
ハードル低

このレイヤーでは、クリエイターがコンテンツを作ってNFT化したり、すでにコンテンツを持っている企業が保有するIPをNFTとして活用することが一般的です。
ユースケース層
新規にゲームやコミュニティ・サービスを開発
企業
既存の自社サービスにNFT要素を取り入れる
ゲーム&メタバース
ハードル中

ユースケース層がアプローチするのは、コンテンツではなく、システムそのものになります。ブロックチェーンを使ったシステムやゲームを開発・運営していきます。
インフラ&プロトコル層
スタートアップ企業など
企業のコンテンツ層またはユースケース層への進出をサポート
企業
自社経済圏の拡張のためにNFTビジネスに参加
ブロックチェーン
ハードル高

スタートアップ企業、開発会社、ITプラットフォームなどが、企業のNFTビジネス支援のために参入するという例が多いでしょう。

KEYWORD

IPホルダー……アニメのキャラクターなどのIP（知的財産）を所有している企業のこと。

お答えしましょう！

もっとも一般的なのはコレクティブル（収集品）で、さらなる広がりを見せています。

■ コレクティブルNFTって何？

あぁ、あのキャラクターが欲しいな！

コレクティブルNFTとは、唯一無二のデジタルアートを購入し、収集することができるNFTのこと。 デジタルキャラクター画像がコレクションの対象になっています。

コレクター市場にNFTが向いている理由

NFTがもっとも活かせる市場の1つは、コレクティブルNFTです。コレクティブルとは「収集可能な」という意味で、切手、トレーディングカード、キャラクター商品などのように、収集することに意義を見出せるものをいいます。

とりわけ**「収集する」ことを前面に押し出したNFTを、コレクティブルNFTと呼びます。**代表的なものは、Crypto《クリプト》Kitties《キティーズ》、CryptoPunks《クリプトパンクス》などです。

POINT
コミュニティ運営ビジネスはNFTを活かせる機会が多い

■コレクティブルNFTはなぜ人気なのか？

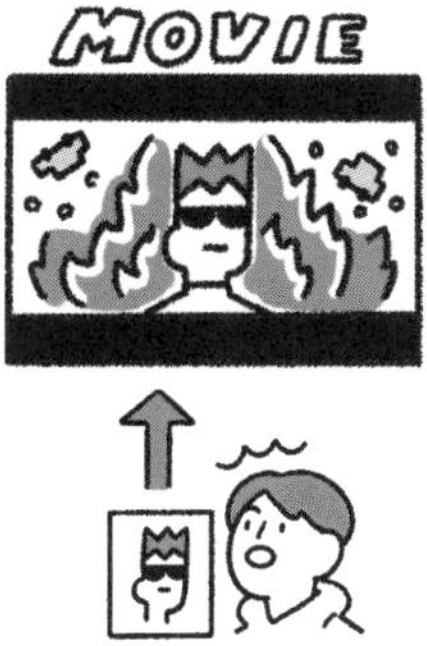

アニメや映画に出演できる

アニメや映画に自分が保有するNFTがキャスティングされることで、作品から生じた収益の分配を受けられるといった特典がついているケースも見られます（ただし、収益の分配を伴うような仕組みは、金融規制に抵触する恐れもあるので要注意です）。

NFTを持つ人だけのコミュニティに入れる

コレクティブルNFTは、コミュニティ運営型のビジネスと結びつけていることが多く、たとえば、そのNFTを持つ人だけが参加することができる会員制コミュニティに入ることができます。 著名人が保有者であることを公表している例もあり、同じクローズドなコミュニティに加わることに魅力を感じる人もいます。

コレクティブルNFTはコミュニティ運営型のビジネスととても相性がよく、そのNFTを持っている人だけが入ることのできるクローズドなコミュニティが用意されているものもあります。

また、NFTの保有者がそれをTwitterなど一部のSNS上で自身のアイコンとして使うことで、SNSを中心に広がっていく可能性もあります。

また、コレクティブルNFTはその性質上、**アニメ、映画、漫画、ホビー商品、イベント開催などのビジネスにも展開していく可能性を秘めています。**

NFTのクリエイター側のメリットは？

クリエイターへの恩恵が市場に刺激を与える？

NFTは、クリエイターにも多大な恩恵をもたらします。

Web2・0までの時代、クリエイターは、自分の作品が最初に売れる「一次流通」のタイミングでしか収益を獲得することができませんでした。

つまり、一度、作品が人手に渡ってしまえば、それ以降、その作品の価値がどれだけ上昇したとしても、クリエイターはその価格上昇分の利益を受け取ることができませんでした。これは、作品が物理的な絵画であるか、デジタルデータであるかを問いません。

ところが、Web3以降、ブロックチェーン技術によって取引履歴を正確に記録し、保管することができるスマートコントラクトが実現したことで、少なくともNFTの作品については、作品の流通を正確にトラッキング（追跡）することができるようになりました。

そして、一般的なNFTマーケットプレイスでは、たとえば、クリエイターが、「転売時には5%の手数料を作者に支払う」と最初に設定しておくことで、二次流通以降の転売時には自動的に作者へ手数料が支払われます。

つまり、**作品が取引されるごとに、作者に利益を還元できる仕組みを築ける**のです。

この新たな仕組みは、**世界中のクリエイターのモチベーションを高めることとなるでしょう**。ひいては、NFTを活用してビジネスを展開しようとしている全ての人びとにも大いなる刺激となるはずです。

POINT

これまで作者は二次流通において蚊帳の外に置かれていた

お答えしましょう！

自分の作品が転売された時にも収益を獲得することができるようになるため、モチベーションが高まるでしょう。

■ Web2.0までの世界

自分の絵は一度売れたら、その後、どれだけ値上がりしても自分の利益にはならないんだよね……。
最近、話題の画家の貴重な初期作品です！
二次流通市場
絵画
クリエイター
とんでもないプレミアがついている！

Web3以前の時代、クリエイターの作品は、最初に販売した時には利益がありましたが、二次流通以降においては、どれだけ価格が上昇したとしても、利益がクリエイターに還元されることはありませんでした。

■ Web3からの世界

こちらの絵の落札価格には、作者への手数料も含まれます。
二次流通市場
自分の作品が人手に渡るたびに手数料がもらえる！
NFT絵
手数料
クリエイター
こんな素晴らしい作品を作ってくれた作者にも還元されるんだな。

Web3以降の時代、クリエイターのNFT作品は、ブロックチェーン技術を活用することで取引を追跡し、二次流通以降の転売時にも作者へ手数料を支払うことが可能になりました。

KEYWORD

二次流通 …… あるものが最初に販売された後、それ以降に再び販売（転売）されること。

NFTで売るのに向いているものはありますか？

お答えしましょう！

ズバリ、システムそのものに負荷をかけない、数の少ない「限定モノ」です。

■ NFTに向いていないコンテンツとは？

最新作の漫画は、NFTで読めるようにしたよ！
今度の新曲はNFTでリリースすることにしたよ！
ジャーン
え、50人限定でしか読めないの？
何十万人ものファンがすぐに大量のNFTを購入するのは難しいよね。

ブロックチェーンは、取引量が増えることによって処理の遅延が起きるスケーラビリティの問題を抱えています。そのため、NFTには大量に売れることが予想されるコンテンツは向いていません。

POINT
スケーラビリティ問題を踏まえてコンテンツを考えよう

NFTに立ちはだかるスケーラビリティ問題

NFTは、幅広い可能性を秘めていますが、それでもコンテンツによって向き不向きがあります。

なぜなら、これまでも何度か述べてきた**スケーラビリティの問題**があるからです。これは、ブロックチェーン上の取引量が増えるに従って、処理に遅延が生じてしまう問題のことです。とくに、イーサリアムではスケーラビリティの問題が深刻です。NFTの多くはイーサリア

■NFTに向いているコンテンツとは？

ゲーム内でキャラクターがかけられる、某ブランドとコラボしたサングラスを限定で発売します！
自分のキャラに似合いそうだし、絶対手に入れたい！

絶対に手に入れないといけないほど必須のアイテムではないけれども、マニアや熱心なファンからするとどうしても欲しいと思うようなものがNFT化に向いています。

ムを利用しているため、ＮＦＴとスケーラビリティは、現時点では切っても切れない関係にあるといえます。

大量生産とＮＦＴは相性がよくない

この問題を踏まえると、現在の**ＮＦＴに向いているコンテンツとは、取引量に影響を与えにくい数量の少ないものということ**になります。代表的な例としては「限定モノ」です。数量が限定され、希少性を感じやすく、熱心なファンにとっては垂涎モノのアイテムというのが、ＮＦＴに向いているコンテンツです。

逆に、現段階でＮＦＴに向いていないのは、多数の人が欲しいと思って殺到してしまうようなコンテンツです。著名なミュージシャンが新曲をＮＦＴ購入者にだけ配信したりしてしまうと、スケーラビリティの問題に直面して、取引が集中して処理速度が低下するなどの問題が起きてしまうでしょう。

KEYWORD
スケーラビリティ……拡張性。システムやネットワークが利用負荷の増大にどれだけ対応できるかを示す言葉。

どのようなジャンルのビジネスでNFTを活用しているの？

POINT
コロナ禍がNFTに注目が集まるきっかけだった

NFTはDX推進の引き金になるか？

2020年に始まったコロナ禍は、リアルビジネスのさまざまな分野に打撃を与え、多くの業界が生き残りをかけ、起死回生の施策としてDXに取り組み始めました。

DXとは、デジタルトランスフォーメーションを表す略語で、デジタル技術の導入によって既存の業務フローの改善や新たなビジネスモデルの創出を行い、従来のシステムや企業風土の変革を目指すことを意味しています。

そして、**各業界のDXの推進に、NFTは1つの可能性を示しました**。とくにコロナ禍でリアルビジネスに大打撃を受けた業界は、いち早くNFTに進出しています。

たとえば、スポーツ業界では、観客動員数減という過酷な現実に直面し、NBAが選手のトレーディングカードをNFT化して販売するという試みを始めました。また、トレーディングカード以外にも、Chiliz《チリーズ》というプラットフォームでは、トークンを用いることで、ファンたちがチームのユニフォームデザインや試合に出る選手を決めるサービスを開始しています。

アパレル業界もNFTと相性がよく、数多くのブランドがNFTに進出しています。また、音楽業界では、ライブパフォーマンスをNFT化して販売したり、コンサートチケットをNFT化して販売することで転売を防止するとともに、チケット自体に唯一無二のプレミア的価値を付与するという試みを始めた企業もあります。

お答えしましょう!

スポーツ、アパレル、出版など、多くのDXに取り組む企業がNFTを活用しています。

■ さまざまな業界がNFTを活用している

スポーツ業界

NBA選手のトレーディングカードをNFTで販売します!
NBA
カードを集めるだけでなく、ゲームもできるのか!

コロナ禍による観客動員数減という事態に直面したスポーツ業界はNFTに活路を見出し始めています。NBAはトレーディングカードをNFT化して、NFTブームの先駆けとなりました。

アパレル業界

スニーカーの優先購入権とNFTを紐付けて販売します!
NIKE
優先的にスニーカーが買えるなら欲しい!

メタバースでは、キャラクターに着用させるファッションアイテムが人気です。NIKEは現実に販売されるスニーカーの優先購入権とNFTを紐付けて販売するなどの取り組みをしています。

出版業界

雑誌に掲載された漫画のページをNFT化して販売します!
COMIC
雑誌のおまけをNFTと紐付けることにしました!

世界中で人気の漫画『進撃の巨人』(講談社刊)のデジタルアートがNFT化されたのを先駆けに、漫画のオリジナル原稿をNFT化して販売するような試みなどが行われています。

そもそもNFTはどこで買えるの？

POINT
一般的にはNFTマーケットプレイスを利用する

NFTを買う方法は相対取引と市場取引

ここまで本書を読んだ方の中には、今すぐNFTを買ってみたい！　と思っている方もいらっしゃるかもしれません。

それでは、NFTはどこで買えばいいのでしょうか？

まず、知っておくべきことは、NFTの買い方には大きく分けて2種類あるということです。

1つ目は、**相対取引**。これは、あなたが欲しいと思ったNFTを探し回り、それを所有している人と個別に交渉して売ってもらうという方法です。

2つ目は**市場取引**。こちらは、NFTを扱うマーケットプレイスを利用して、そこに出品されているNFTを画面の案内に従って購入する方法です。

前者は手間と時間がかかる反面、マーケットプレイスに出品されていない貴重なNFTが手に入る可能性があります。後者は、手間も時間もかからず、気軽に購入できますが、出品されていないものに関しては買うことができません。

NFTのマーケットプレイスとは、いわばNFTの市場のように機能する売買のプラットフォームで、クリエイターが制作したNFTを発行、販売、購入、転売できます。

マーケットプレイスによって、取り扱っているNFTの種類、手数料、具体的な利用の方法（UI、86ページ参照）などが異なるため、購入者のニーズに合わせて適切なマーケットプレイスを選ぶ必要があります。最大手のNFTマーケットプレイスとして知られているのがOpenSea《オープンシー》です。

お答えしましょう!

直接交渉して売買する相対取引か、マーケットプレイスを利用して購入する市場取引の2種類があります。

■マーケットプレイスでは何ができるの?

NFTの発行

コンテンツデータの対応フォーマットはJPEGやMP4など身近なものが多い。

NFTの販売(一次流通)

販売方法にも種類があるので、自分に適した方法を選ぶ。

NFTの購入(一次流通)

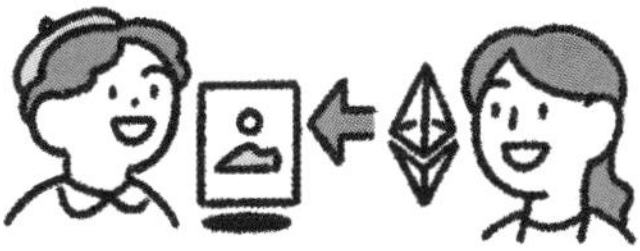

マーケットプレイスによって取り扱っているNFTが違う。

購入したNFTの販売(二次流通)

82ページで解説する権利保護について理解する必要がある。

NFTの概要

12

NFTを購入する前に準備しておくべきことはありますか？

お答えしましょう！

暗号資産交換業者に口座を開設し、暗号資産を購入したあと自分のウォレットに送金しておきます。

■ 暗号資産交換業者にアカウントを作る

暗号資産交換業者にアカウントを作る

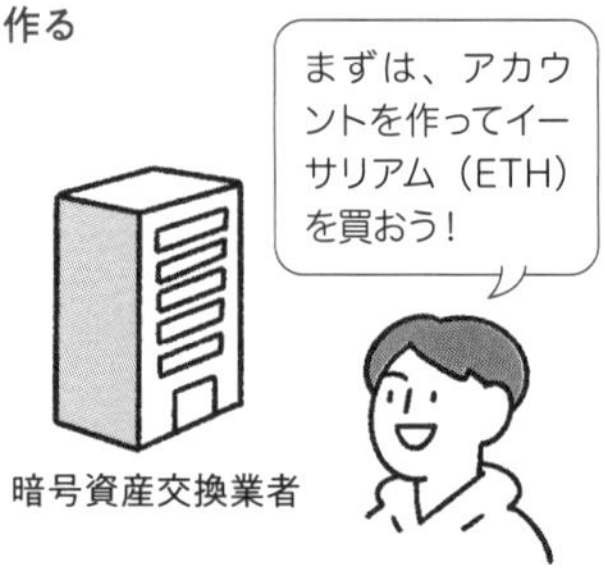
まずは、アカウントを作ってイーサリアム（ETH）を買おう！
暗号資産交換業者

NFTを買うためには、代金として支払うためのイーサリアム（ETH）などの暗号資産が必要ですので、暗号資産交換業者にアカウントを開設しましょう。

ウォレットを準備する

暗号資産を保有・管理するために必要だね。
ウォレット

これまでに紹介したウォレットによって、購入した暗号資産を保有・管理します。NFT取引に使われる代表的なウォレットは、MetaMaskです。

まずは暗号資産交換業者でイーサリアムを購入

ここでは、世界最大のNFTマーケットプレイス、OpenSeaでNFTを購入する場合に、どんな手順が必要になるかを解説します。

まず、購入するための暗号資産を用意する必要があります（日本のマーケットプレイスでは日本円やクレジットカード決済に対応しているところもあります）。暗号資産交換業者にアカウントを持っていない人は、アカウントを開設しましょう。そして、ほとんどの

POINT

NFT取引に使われる代表的なウォレットは「MetaMask」

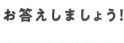

■マーケットプレイスのアカウントを開設

マーケットプレイスに登録する

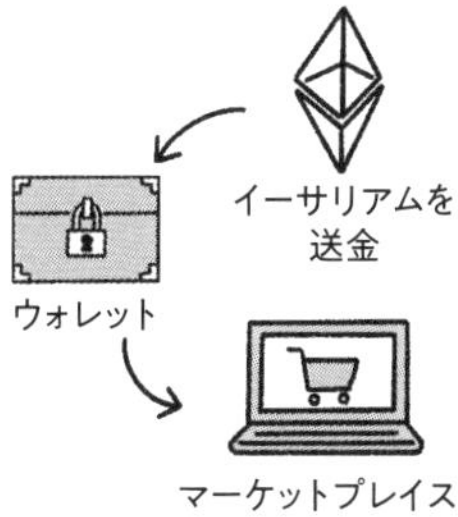
イーサリアムを送金
ウォレット
マーケットプレイス

ウォレットにイーサリアムを送金したら、マーケットプレイスにアカウントを開設しましょう。

欲しいNFTを購入する

あの絵が欲しいな、購入しよう！

マーケットプレイスの検索機能やソート機能を使って欲しいNFTを見つけたら、いよいよ購入です。

NFT購入が可能な通貨・イーサリアム（ETH）を購入します。

代表的なウォレットは「MetaMask」

購入したイーサリアムは、ウォレットと秘密鍵で保管・管理します。**NFT取引に使われる代表的なウォレットとしては「MetaMask《メタマスク》」が有名**です。MetaMaskのアプリケーションをダウンロードして、自分のウォレットを開設したら、そこに購入したイーサリアムを送金します。

次に、OpenSeaのアカウントを開設しましょう。そして、OpenSeaの設定画面で、購入資金の入っているウォレットと、OpenSeaのアカウントを連携させれば、購入準備は完了です。

マーケットプレイスの検索機能やソート機能などを駆使しながら、欲しいNFTを探し、見つかったら購入に必要な暗号資産がイーサリアムかどうかをもう一度確認して、購入金額を入力して決済してください。

KEYWORD

MetaMask……NFT取引に使われる代表的なウォレット。イーサリアムなどのブロックチェーンとのやり取りに使われる。

NFTの概要

13

NFTは法的に〝所有〟できますか？

POINT

NFTを保有することと絵画を購入することは全く意味が異なる

NFT取引で売買されるのは作品ではなく〝トークン〟

多くの方は「NFTは法的に所有できるもの」と考えるようです。しかし、結論から言うと、**NFTを法的に〝所有〟することはできません。**

なぜなら、**日本の民法では、デジタルデータのような無体物には所有権が認められない**からです。

ですから、NFTを「保有」している状態とは、そのNFTを移動するために必要な秘密鍵などの情報を、その人だけが知っているということを表しているだけなのです。

また、NFTの取引で実際に売買されているものは、アート作品そのものではなく、その作品に紐付けられたトークンだけです（NFTによっては、何らかの利用権が付帯していることもあります）。

アート作品自体は、もしネット上に公開されていれば、誰でもダウンロードできますし、コピーも改ざんもできてしまいます。コピーや改ざんができないのは、ブロックチェーン上に存在するトークンと取引記録だけなのです。

ですから、**NFT作品を購入して保有することは、世の中に一点しか存在していない絵を自宅に飾るという行為とは、似て非なるものである**といえるのです。

あるNFT作品を購入する際に、購入者（保有者）がどういった権利を行使できるかという実際の権利関係は、そのNFTの発行者が設定している利用条件の内容などによりますので、購入前によく確認しておく必要があります。

お答えしましょう！

NFTはデジタルデータであり無体物なので、法的な意味での“所有”はできません。

■ NFTを“所有”するってどういうこと？

所有することができるのは作品のトークン

デジタルデータが公開されていれば誰でもダウンロードができる

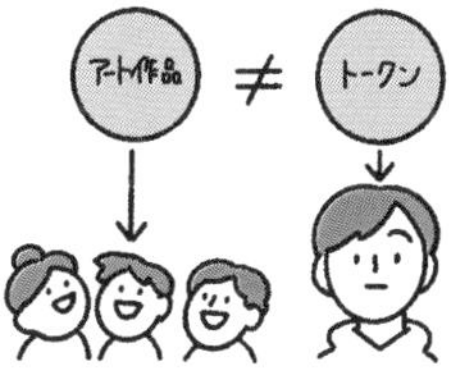
アート作品
≠
トークン

NFTの取引で、私たちが購入できるのは、その作品に紐付けられたトークンであって、作品そのものではありません。

デジタルアートを所有することはできない

じゃあ、所有権を主張することはできないのか……。
デジタルデータは、物ではないので、法的に所有することはできません。
所有権

日本の民法では、NFTは有体物ではなく無体物にあたるため所有権は認められていません。また、著作権や商標権も、購入したからといって自動的に得られるわけではありません。

NFT作品を購入・保有することの意味とは？

NFT作品
その作品のオーナーとして認められる

NFTを保有することで、そのNFTを発行したアーティストやその他のファンから、作品のオーナーであると認められることになります。

コピーや改ざんできないのはトークンと取引記録

デジタルアート作品そのもののコピーや改ざんはできてしまいます。
NFT作品
トークン
取引記録

ブロックチェーン上でコピーや改ざんができないのは、あくまでもその作品と紐付けられたトークンと、その取引記録です。

NFTの
概要
14

NFTが乗り越える必要がある「権利保護」とは？

お答えしましょう！

著作権に関するトラブルが頻発する恐れがある点には注意するべきです。

■ NFTに紐付いたコンテンツはどう利用できる？

A社 非商業利用のみ許諾する	**B社** 商業利用を全般的に許諾する
C社 NFTの購入・保有事実を告知・宣伝に利用可能	**D社** NFTの制作者が個別に利用規約を設定可能
E社 NFTアートの利用範囲を一律で固定する	**F社** NFTアートの複製、展示などを許諾する

マーケットプレイスによって、ルールがそれぞれ違うんだなぁ。
その通り。購入する前に、購入するとどんな権利を得られるのか、よく確認しないといけないよ。

アートNFTの取り扱いは、プラットフォーム（ここではマーケットプレイス）や個々のNFTによって異なります。あるアートNFTを購入することで、どんな権利を得られるのか、または得られないのかについては、ルールをよく確認してください。

NFTアートとアートNFTは違うもの

前項では、NFT取引において「アート作品そのもの」を法的に所有することはできないが、その「アート作品に紐付けられたトークン」を保有することはできるというお話をしました。前者を**「NFTアート」**と呼び、後者を**「アートNFT」**と呼びます。

さて、それではアートNFTを購入した場合、その作品の「著作権」はどうなるのでしょうか。

POINT

NFTと著作権が一体化していると、トラブルの元に

■ NFTと著作権は一体ではない

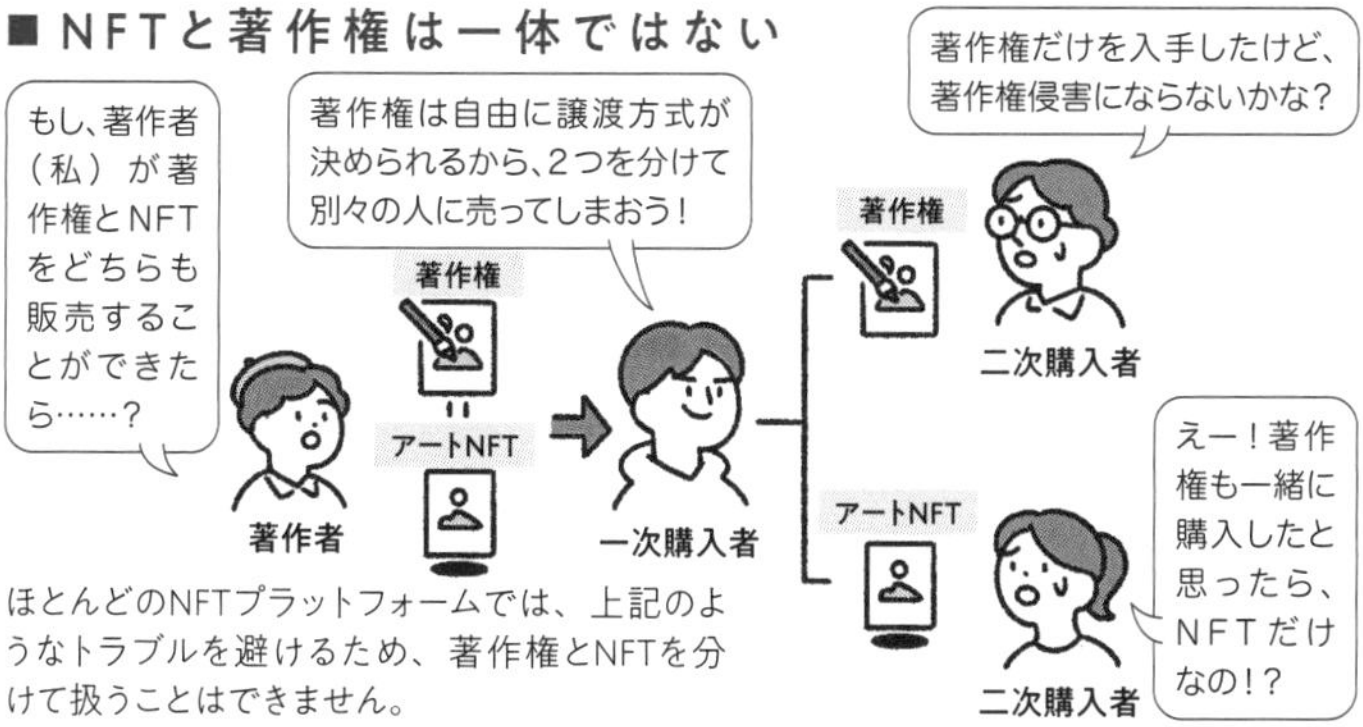
もし、著作者（私）が著作権とNFTをどちらも販売することができたら……？
著作権は自由に譲渡方式が決められるから、2つを分けて別々の人に売ってしまおう！
著作権だけを入手したけど、著作権侵害にならないかな？
えー！著作権も一緒に購入したと思ったら、NFTだけなの！？
著作権
アートNFT
著作者
一次購入者
二次購入者
二次購入者

ほとんどのNFTプラットフォームでは、上記のようなトラブルを避けるため、著作権とNFTを分けて扱うことはできません。

NFT購入時は著作権の侵害に要注意

著作権とは、著作物を作った人が持っている権利で、著作物の複製権、上映権、公衆送信権、展示権をはじめとする数多くの権利の総称です。

もし、あなたがNFTを購入した時、その著作権も同時に購入できるか？　というと、ほとんどの場合はそうではありません。NFTと著作権は別物であって、NFTが取引されても、著作権が同時に移転することは通常ありません。

そのため、**NFTを購入したからといって自分が著作者であるかのように振る舞うと、著作権を侵害してしまっている場合があるので注意が必要**です。どのような利用が許諾されているのかなど、発行者の示す利用条件などをよく確認しましょう。

また、著作権の侵害によって作られたアートNFTを購入してしまうリスクもありますので、発行者が誰であるかの確認も重要です。

KEYWORD

著作権……著作物の著作者が有する、複製権、公衆送信権などのさまざまな権利の総称。

NFTの概要

15 NFTビジネスをする際に気をつけるべきことは何ですか？

暗号資産に該当すると自由な発行・販売が難しい

NFTビジネスを始める上で、気をつけなければならないのは、法規制上の問題です。端的に言えば、**NFTが暗号資産に該当するかどうかが重要**です。

暗号資産に該当するトークンを販売するためには、資金決済法上、暗号資産交換業者の登録を受けなければなりませんが、この登録を受けるのは非常にハードルが高く、NFTの販売をするためだけに登録申請をすることは現実的ではありません。

それでは、NFTは暗号資産に該当してしまうのかどうかというと、これは込み入った話になりますので結論から申し上げると、**ほとんどのNFTは現在の日本において暗号資産に該当しない**と考えられます。

ただし、決済手段等の経済的機能を有していると評価されるようなトークンは、例外的に暗号資産に該当するものと判断されることとなります。

つまり、NFTといっても、シリアルナンバーのような個別性のある番号が付与されているだけで使用実態として通貨のように使われているなら暗号資産に該当します。また、最初は十分に個別性があって暗号資産に該当しなかったNFTであっても、その後の使われ方や発行数量の変化などによって決済手段性が生じた場合には、暗号資産に該当することになります。

これからNFTビジネスを始める皆さんは、**そのNFTが暗号資産に該当するかどうか**という点に注意していただきたいと思います。

POINT

事業が暗号資産に該当するなら、資金決済法上の登録が必要

お答えしましょう!

そのNFTが「暗号資産に該当しない」ということが重要です。暗号資産の場合、参入ハードルが高くなります。

■ NFTビジネスをする上で注意するポイントは?

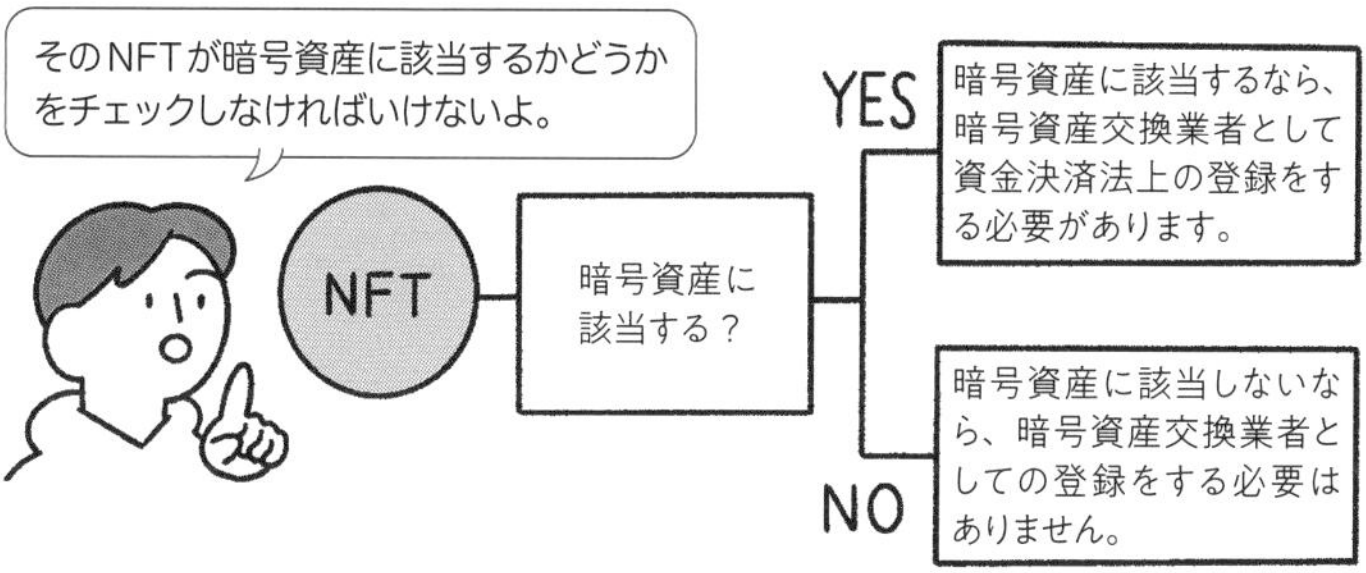

そのNFTが暗号資産に該当するかどうかをチェックしなければいけないよ。
NFT
暗号資産に該当する?
YES
暗号資産に該当するなら、暗号資産交換業者として資金決済法上の登録をする必要があります。
NO
暗号資産に該当しないなら、暗号資産交換業者としての登録をする必要はありません。

■ NFTが暗号資産に該当しない条件とは?

NFTは基本的には暗号資産に該当しないみたいね。
いや、NFTであっても、この表に列記したポイントには注意が必要だよ。

決済手段性を失わせるほどの「個別性」があるかどうか。 (日本銀行券にもシリアルナンバーのような固有の番号は付与されているが、使用実態としては代替可能性のある紙幣として使われている)
同じようなものの存在は、どの程度許されているか。 (その同種物が決済手段性を獲得する可能性はないか?)
その性質は永続的なものかどうか。 (そのNFTがやがて没個性化して決済に用いられる可能性はないか?)

KEYWORD

資金決済法……資金移動、前払式支払手段(プリペイドカード)、暗号資産の交換などを規制する法律。

ＦＴ……56ページ
Fungible Token（ファンジブルトークン）の略で、日本語では代替性トークン。唯一性がないので数量的に把握でき、決済手段として機能し得る。

トークン……56ページ
Tokenとは英語で「しるし・象徴」を意味する言葉。転じて、ブロックチェーン上に記録されるデジタルトークン全般を指す。さまざまな種類があり、必ずしも通貨としての機能を持つわけではない。

クリスティーズ……60ページ
世界的に有名な英国のオークションハウス（競売会社）。２０２２年９月にはＮＦＴに特化したプラットフォーム「Christie's 3.0」を開設。

デジタルアセット……61ページ
デジタル資産。資産としての価値を持つデジタルデータのこと。狭義にはＷｅｂ３における暗号資産、トークン、ＮＦＴ、仮想土地などを指す。

ＳＩｅｒ《エスアイヤー》……66ページ
System Integrator（システムインテグレーター）の略称。クライアントの問題解決のために業務を分析して、システムを企画、設計、構築する企業。

CryptoPunks《クリプトパンクス》……68ページ
世界でももっとも初期の頃のＮＦＴアートコレクション。ドットで描かれたデジタルキャラクター画像のコレクション。大手クレジットカード会社のＶＩＳＡが購入したことで話題になった。

Chiliz《チリーズ》……74ページ
海外サッカーなどプロスポーツクラブとファンをつなぐ「ファントークン」を発行するプロジェクト、またはそのプロジェクト内で用いられている暗号資産。

OpenSea《オープンシー》……76ページ
世界最大のＮＦＴマーケットプレイス。本社はアメリカ合衆国。ＮＦＴの販売者は、二次流通時のロイヤリティ還元率をあらかじめ設定することが可能。

ＵＩ《ユーアイ》……76ページ
User Interface（ユーザーインターフェース）の略称。インターフェースとは、「接点・接触面」を表す言葉で、コンピュータにおいてユーザーが機械と情報のやり取りをするために見て、触れて、操作できる要素全般を指す。

MetaMask《メタマスク》……79ページ
イーサリアム（ＥＴＨ）系のトークンを保管するためのウォレット。イーサリアムのほか、イーサリアムをベースに発行されたＥＲＣ-20トークンなどさまざまなトークンを保管でき、また、ＤＡｐｐｓ（ダップス）やブロックチェーンゲームとの連携も可能。

ＮＦＴアート……82ページ
ＮＦＴに紐付けられたデジタルアート。アートＮＦＴという言葉との対比においては「アート作品そのもの」を指す言葉。

アートＮＦＴ……82ページ
ＮＦＴアートに紐付けられたトークンのこと。アート作品そのものではない。ＮＦＴの取引を通じて購入・保有されるのは、ＮＦＴアートではなく、アートＮＦＴである。

第 4 章

「メタバース」は一過性のブームに過ぎない？

大企業や機関投資家から大きな注目を集めている「メタバース」。その世界は無限の可能性を秘めています。本章では、メタバースの基本概念から魅力、注目を集めている理由、注意すべき点、さらには今後メタバースが普及するためのポイントを解説していきます。

そもそも「メタバース」って何ですか？

POINT
アメリカのSF作家が作った造語だった

VRゴーグルは必ずしも必要ではない

メタバース（Metaverse）という言葉が何を表しているのか、ご存じでしょうか。もともと、メタバースという言葉は、アメリカのSF作家であるニール・スティーヴンスンが書いたSF小説『Snow Crash《スノウ・クラッシュ》』（1992年刊）に出てきた言葉が語源とされています。

小説の中では、近未来の人びとがヘッドセットなどを装着して仮想空間にアクセスする姿が描かれ、スティーヴンスンはその空間を「メタバース」と名付けたのでした。

その後、メタバースという言葉は、老舗メタバース企業であるSecond Life《セカンドライフ》の創業者、フィリップ・ローズデールや、VRゴーグルの開発会社Oculus《オキュラス》（旧Facebook）の創業者、パルマー・ラッキーらに影響を与え、現在では普通に使われる言葉となりました。

メタバースという言葉は、狭義には、「VRゴーグルなどを使って、自分自身の分身であるアバターを操作して活動することができる3D仮想空間」のことを指します。しかし、広義には、必ずしもVRゴーグルを装着しなくても、パソコンやスマホの2D画面上でアバターを操作できるならメタバースであるとされる場合もあります。

いずれにしても、**メタバースは単なる仮想空間ではなく、自分の分身であるアバターと呼ばれるキャラクターを操作でき、なおかつ他の人びとと交流したり、一緒に遊んだりといった活動ができる**という特徴があります。

お答えしましょう!

VRゴーグルなどを使って、自分の分身であるアバターを操作して活動することができる3D仮想空間のことです。

■メタバースの起源とは?

SF作家
ニール・スティーヴンスン
Meta=超
verse=世界
Metaverse
メタバース
「メタバース(Metaverse)」という言葉は、アメリカの作家、ニール・スティーヴンスンが書いた『スノウ・クラッシュ』という小説の中に出てきた造語なんだ。

『Snow Crash』(邦題『スノウ・クラッシュ』)は、1992年に刊行された小説。作中の登場人物が、ヘッドセットやイヤホンなどを装着して、メタバースと呼ばれる仮想空間にアクセスするさまが描かれていました。その後、この言葉は、実際にメタバースの開発・運営に携わる多くの人に影響を与えました。

■メタバースってそもそも何?

現実空間
Cさんのアバター
メタバース
Bさんのアバター
Aさんのアバター

メタバースとは、VRゴーグルやヘッドホンなどを装着することによって、自分自身の分身である「アバター」を操作し、他の人びとと交流したり、ゲームで遊んだりといったさまざまな活動ができる仮想空間のことをいいます。

XR＝メタバースで合っていますか？

お答えしましょう！

XRは仮想世界を知覚できるようにする技術の総称。メタバースとは異なります。

■ XRって何？

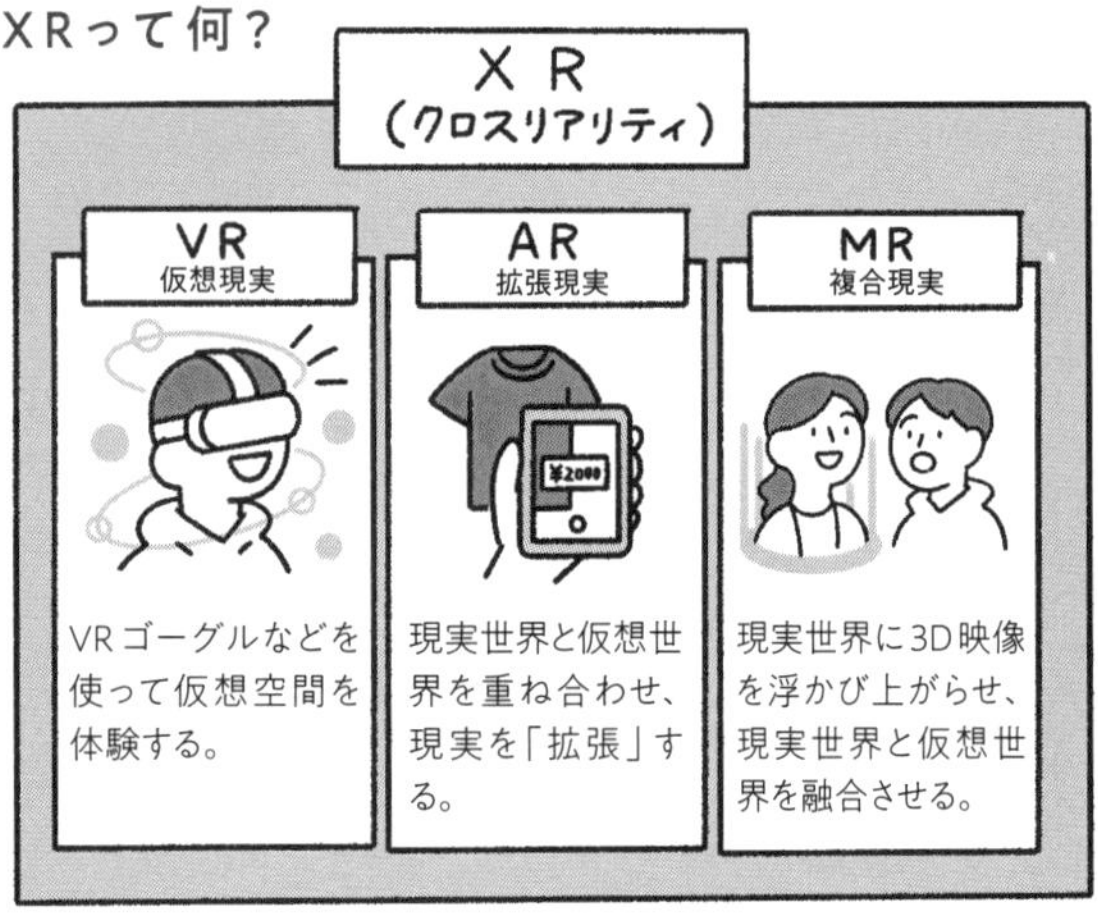
XR
（クロスリアリティ）
VR
仮想現実
VRゴーグルなどを使って仮想空間を体験する。
AR
拡張現実
¥2000
現実世界と仮想世界を重ね合わせ、現実を「拡張」する。
MR
複合現実
現実世界に3D映像を浮かび上がらせ、現実世界と仮想世界を融合させる。

XRという言葉は、VR、AR、MRなどの仮想世界を体験するための技術の総称です。

XRの代表例はVR（仮想現実）

メタバースに関連して「XR《エックスアール》」という言葉を聞いたことがある人も多いでしょう。

XRとは、「クロスリアリティ」を意味する略語で、現実世界と仮想世界を融合させることで、現実には存在しないものを知覚することができるようにする技術の総称です。

代表的なものに、VR（仮想現実）があります。VRは、専用のVRゴーグルなどを装着することで、CGによって生み出

POINT
XRという言葉は、VR、AR、MRの全てを含んでいる

■ XRとメタバースは同義ではない

XRはあくまでも仮想世界を体験するための技術の総称です。メタバースは、「自分の分身であるアバターを操作して活動することができる仮想空間」のことを指します。

された仮想世界を360度全方位の映像として体験できるというもの。

最近では、VRを用いたゲームなども流行の兆しを見せています。

XRはVR、AR、MRを包含した技術の総称

また、**AR(拡張現実)**も近年では一般的になってきました。ARとは現実世界に仮想世界を重ね合わせることで、現実を拡張する技術。もっともわかりやすい例は、『ポケモンGO』です。

現実の世界に、ポケットモンスターの仮想世界が重ね合わされて表示されることで、あたかも現実が拡張されたように感じます。

そして、もう1つ、**MR(複合現実)**というものもあります。これは、現実世界に3D映像を立体的に浮かび上がらせる技術で、ARの進化形という位置づけです。

XRとは、これらVR、AR、MRなどを包含した技術の総称なのです。そのため、**XRとメタバースは同義ではありません**。

ただし、XR全般を広い意味でのメタバース技術と捉える人もいます。

メタバースの魅力
3

メタバースの魅力って何ですか？

POINT
いつかメタバースと日常が融合するかもしれない

現実とほぼ変わらないやり取りが可能になる？

メタバースの魅力は私たちの右脳に訴えかける力を持っていることでしょう。VRヘッドセットを装着すると、360度全方位の映像と音響の中で、自分の周囲にあるものを立体的に捉えることができ、これまでのゲーム、映像作品やオンライン会議とは全く異なる刺激を受けることができます。

人間の脳は、左脳が言語や計算などの論理的思考を司り、右脳が空間認識、図形認識、音楽的な能力といった感覚面を司っていると考えられています。

私たちは普段のコミュニケーションでは、そのどちらの脳も使っているはずです。ところが、これまでのオンライン会議は、2Dの平面的な映像に加え、回線も決して速いとは言えないものであったため、ノンバーバル(非言語)情報がほとんど伝わってこず、リアルなコミュニケーションと同じとは言いがたいものでした。

しかし、メタバースには、従来のオンライン通信には欠けていたノンバーバル情報の伝達が期待できるのです。これによって、**私たちはオンラインでありながら、現実にいる時と同じようなコミュニケーションがとれるようになる**はずです。

そうは言っても、VR空間で長時間過ごすことは現実的ではないと考える人も多いでしょう。慣れないVR環境で「VR酔い」を経験することも。しかし、**VRネイティブと呼ばれる世代が登場すれば、メタバースが私たちの日常と完全に融合する日が来る**かもしれません。

お答えしましょう！

従来のオンライン通信には欠けていた右脳への刺激が得られること、ノンバーバル情報の伝達が期待できる点です。

■ 従来のインターネットは右脳への刺激が少なかった

右脳
左脳
今の一般的なオンライン会議は、「本当にそこにいる」という没入感、臨場感が足りなかったんだよね。

コロナ禍で急速に普及したオンライン会議は、ノンバーバル情報を十分に伝えられないので、右脳への刺激がかなり少ないものでした。

■ メタバースの進歩によって何が変わるか？

レゾリューション（解像度）
レスポンス
微妙なタイムラグがあったりして、自分が話すべきタイミングが掴めない……。
オンライン会議ではわからなかった相手の細かな表情や仕草までリアルタイムで認識できる！

IT技術が進歩していけば、レゾリューションとレスポンスが向上し、右脳への刺激が増えて、没入感と臨場感が格段に上がるでしょう。仮想空間における私たちのコミュニケーションは、現実のそれとほとんど変わらないレベルにまで進化していくはずです。

メタバースにはどんな種類があるの？

お答えしましょう！

クローズドメタバースとオープンメタバースの2種類がありますが、後者は開発途上です。

■ クローズドメタバースとは？

レアアイテム
アイテムはその世界だけで完結するもの！
課金アイテム
アバター

【メリット】
- 1社単独でメタバースを構築可能
- そのため運営企業の意向がすぐに反映される
- 利用者が増えれば大きな収益を上げられる
- 現在の技術での実現可能性は高い

【デメリット】
- 特定のプラットフォーマーへの依存度が高い
- そのためデータの公平性、永続性が担保されていない
- 世界観に飽きられたら、一気に衰退しやすい

クローズドメタバースの代表作は『あつ森』

メタバースには大きく分けてクローズドメタバースとオープンメタバースの2種類があります。

クローズドメタバースとは**1社単独で構築され、そのメタバースだけで世界が完結しているもの**を指します。たとえば、ゲーム『あつまれ どうぶつの森』シリーズはクローズドメタバースの一種といえます。

もう1つが、オープンメタバースです。**あるメタバース**

POINT
オープンメタバースは、今後実現することが期待される

■ オープンメタバースとは？

【メリット】
- 複数のサービスと相互運用性を持っている
- アバターやメタバース内の資産を他のサービスと共用可能
- インフラが共通化されているためデータの永続性や公平性が担保されやすい

【デメリット】
- 現在の技術では実現可能性が低く、多くのステークホルダーの参入が必要

ゲーム内で
アイテムをゲット
ECサイト
同じアイテムを
ゲーム外で購入
アイテムを異なるゲームで
売買・開発
SNS

が他のメタバースやSNSやECサイトなどのサービスと接続されていて、相互運用性を持っているものを指します。

オープンメタバースは実現するのか

オープンメタバースにはいくつかの段階があると考えられていますが、少なくとも、デジタルアセット（資産）の保有・取引にブロックチェーンを活用することにより、NFTマーケットプレイスなど外部サービスと相互運用できる状態を実現しているサービスはすでに存在します。

しかし、メタバースサービス相互で連携を図るようなケースはまだまだ少なく、たとえばアバターの規格の共通化など、相互運用性を実現するための前提となるさまざまな事項についての検討・模索が続けられています。今後は、現在のクローズドメタバースが進化する形で、オープンメタバースが登場すると思われます。

KEYWORD
オープンメタバース……メタバースが他のメタバースやSNSなど他のサービスと接続され、相互運用されるもの。

メタバースの世界で実現できるのはどんなこと？

お答えしましょう！

現実の世界では不可能なさまざまなことを、実現・実験できるようになります。

■ メタバースは「現実を超える」ツール

体験の質が向上する

現実のコピーではなく、現実では体験できないさまざまなことを体験できるようになっていきます。

教育の質が向上する

教育の分野では、生徒一人ひとりのニーズに合ったきめ細やかな教育ができるようになります。

POINT

期待されるのは現実ではできない社会実験を行うこと

リアルを超える体験をもたらすメタバース

メタバースが普及し、発展していけば、さまざまなことが実現できるようになります。メタバースが私たちにもたらすものは、端的に言えば**「現実（リアル）を超えた体験」**です。現実をコピーしたような空間ではなく、**現実では不可能なことができる空間、それがメタバースなのです。**

たとえば、現実では狭い家の中にいるのに、メタバースにアクセスすれば、世界中の行きた

■メタバースで社会実験を行えるようになる？

メタバースは社会実験への活用なども期待されています。

い場所に行けるようになるでしょう。また、コンサートなども、現実では見ることができないような場所から体験することができるようになります。

そして、教育の現場でも、AI（人工知能）との組み合わせによって、現実では対応できないようなきめ細やかな教育を受けることができるようになります。

同じ世界でも異なる時代設定を体験できる!?

メタバースでは、同じ世界観を持った空間をさまざまなバリエーションで体験できるようになるかもしれません。

たとえば、東京都心の街並みを完璧に再現することを狙ったメタバース空間を用意して、その時代設定をいろいろな過去に変更することで、バブル期の東京、明治初期の東京、江戸時代の東京など、地理的なデータを共通化しつつ、さまざまな世界観を楽しむことができるかもしれません。

また、同じ空間を通常のコミュニケーション用途に用いたり、サバイバルゲーム用に用いたりと、シチュエーションに合わせたさまざまな形態で利用できるようになるかもしれません。

メタバースの魅力
6

なぜ今、大企業や機関投資家がメタバースに注目しているの？

日本でも続々と大資本がメタバースに出資を開始

そもそも、メタバースへの関心は、Web3時代の到来に先駆けて生まれていました。2020年初頭に全世界的な規模で流行した新型コロナウイルスは、私たちの生活様式に大きな変化を促しました。

人と人とが実際に会う機会が減り、リモートワークが当たり前となった結果、オンライン会議が急速に浸透。巣ごもり需要によって、オンラインショッピングや動画配信サイトの売上が急増しました。そして、それ以前から起きていたDX推進の波とも相まって、企業のメタバースへの関心が日増しに高くなっていったのです。

世界のIT産業の中心であるアメリカでは、マーク・ザッカーバーグ率いるFacebookがVRゴーグル開発会社Oculus《オキュラス》を買収、2021年には社名をMeta《メタ》に変更して、本格的にメタバース事業に舵を切ることを表明しました。

Facebookは、GAFAMの一角として世界有数のSNSプラットフォームを有していたものの、ユーザー層の平均年齢の上昇や、TikTok《ティックトック》などの新たなライバルの登場といった現実に直面していました。

その状況を打破するため、ザッカーバーグは人類のコミュニケーションの形態を根本から塗り替えるメタバースという概念に社運を賭けたのでしょう。

このFacebookの動きは、世界中の人びとに**「メタバースの時代が来る」という予感を抱かせ、さらにメタバースへの関心が高まる結果となりました。**

POINT

Facebookによる進出が社会の関心を高めた

お答えしましょう!

コロナ禍、DX推進の波、Web3時代の到来……などによって、関心が高まっているのです。

■デジタル化が急拡大している理由とは?

【デジタル化によって起きた変化】

音楽業界	オンラインライブの一般化
出版業界	電子書籍の普及
小売業界	ECサイト、ネットショッピングの拡大
観光業界	VR旅行、アニメ・漫画などの聖地巡礼のメタバース化

DX

2018年、経済産業省がDXを推進するためのガイドラインをまとめてから、産業・企業の各分野でDX推進の波が起き始めました。その動きと2021年から始まったWeb3の時代とが合わさって、メタバースへの大きな関心を生んだのです。

■なぜ、巨大資本はメタバースに注目しているのか?

FacebookがメタバースｘVRに方向転換

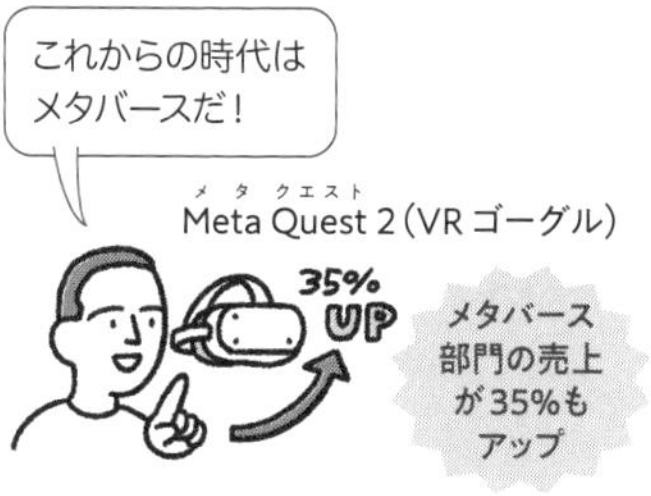
これからの時代はメタバースだ!
Meta《メタ》 Quest《クエスト》 2(VRゴーグル)
35% UP
メタバース部門の売上が35%もアップ

Facebookの創業者、マーク·ザッカーバーグは、2021年に社名を「Meta」に変更。これに先立って買収していたVRゴーグル開発会社Oculus(オキュラス)とあわせ、いよいよ本格的にメタバースビジネスに乗り出したことになります。

日本の企業もメタバースに熱視線

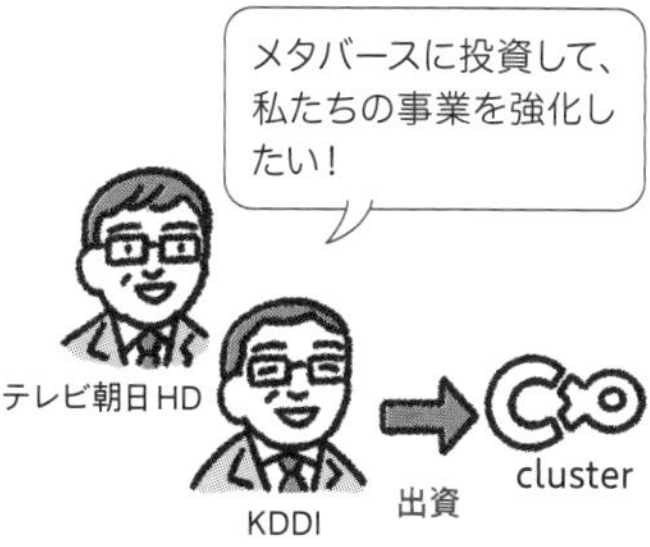
メタバースに投資して、私たちの事業を強化したい!
テレビ朝日HD
KDDI
出資
cluster

2020年、日本でも上記の巨大資本が、メタバースプラットフォーム「cluster(クラスター)」に出資を決めました。また、NTTドコモもVRイベント「バーチャルマーケット」に出資することを決定。日本国内でもメタバースへの関心は高まるばかりです。

メタバースを体験するのに必要なものはありますか？

お答えしましょう！

VRゴーグルやスマートグラスが基本。普及のためには5Gやその後継となる通信インフラも必要です。

■メタバース体験に必要なものとは？

これから登場するかもしれないデバイス

スマート
コンタクトレンズ

BMI
（ブレイン・マシン・インターフェース）

スマートグラス、ARグラスがさらに小型化すればコンタクトレンズくらいのサイズにできるのではないか、また、脳とコンピュータをダイレクトに接続することができるのではないかという発想から、上のようなアイテムが考えられています。

すでに存在しているデバイス

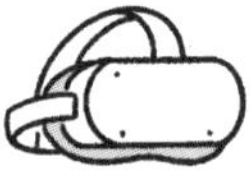

ヘッドマウントディスプレイ
（VRゴーグル）

スマートグラス

VRゴーグルは、いまだそれなりの重量があり、「VR酔い」などの未解決の課題を抱えています。

必要なデバイスは メタバースによって違う

メタバースを体験するために必要なデバイスは、基本的にはVR用にVRゴーグルと呼ばれるヘッドマウントディスプレイか、AR用にスマートグラスが必要になります。

また、VRゴーグルには、スタンドアロン型とPCVR型が存在します。前者はVRゴーグル単体で動作するもの、後者はパソコンやゲーム機などに接続して映像を見るものです。より高画質な映像を楽しみたい場合

POINT

VRゴーグルにはスタンドアロン型とPCVR型の2種類がある

■メタバースの普及に本当に必要なのは"5G"

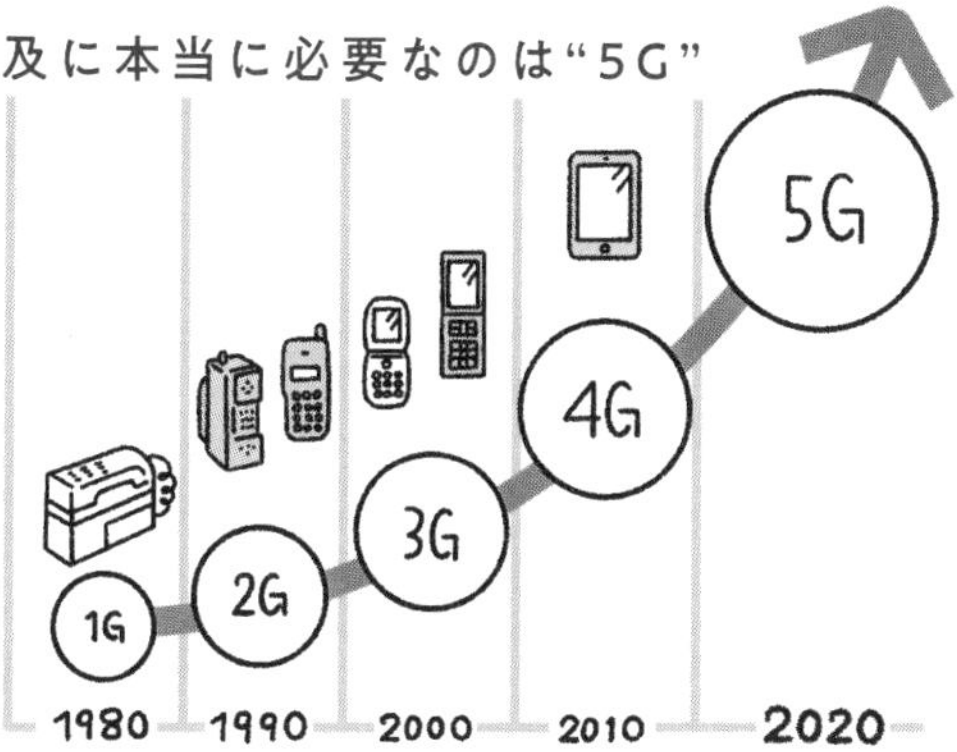
1G
2G
3G
4G
5G
1980
1990
2000
2010
2020

現実にいる時間とメタバースにいる時間とが拮抗または後者のほうが長くなるような「メタバース時代」を支えるインフラとして、5Gやその後継となる通信インフラの重要性が指摘されています。

はPCVR型、もっと手軽にハンズフリーな体験をしたい場合はスタンドアロン型がいいでしょう。

VR酔いや重量の課題を解消できるかがカギ

ただし、現在のVRゴーグルはどれもある程度の重さがあり、自分の動作・目線の高さなどと映像との間に遅れが生じることによる「VR酔い」という問題を抱えており、長時間の使用に耐えられない人もいます。

今後の登場が待たれる新型のデバイスとしては、スマートグラスの進化形である**スマートコンタクトレンズ**や、脳に直接コンピュータを接続する**BMI（ブレイン・マシン・インターフェース）**などがあります。

さらに、**今後、私たちの生活の中にメタバースが普及していくためには、低遅延・大容量の高速通信インフラが欠かせないものとなります。**5Gやその後継となる通信技術の普及が期待されます。

KEYWORD

5G……最新の通信規格で、超高速、多数同時接続、超低遅延が実現される。メタバースの普及には必須。

メタバースの魅力 8

メタバース上で注意すべきトラブルとは？

POINT

他人の顔を使って迷惑行為をすると、さらなるトラブルに

越境取引のトラブルをいかに解決するか

メタバースを利用する際に、私たちはどのようなトラブルに注意すべきなのでしょうか？

まず、メタバースは、非常に多くの当事者が関わっているサービスのため、1つのメタバースだけでも数多くの「利用規約」が存在するなどルールが複雑化しやすく、さまざまな法律問題が生じ得ます。

とりわけ**未成年者をはじめとする判断力が未成熟な利用者を、いかに保護するかが重要になってくる**でしょう。

さらに、メタバースを利用する上で、忘れてはならないのがさまざまな「権利」の問題です。

自分の行動が、肖像権、パブリシティ権、著作権、商標権などを侵害していないか、細心の注意を払う必要があります。

たとえば、もし、**著名人を含む他人の顔をアバターに使って誰かに迷惑をかけたりした場合、名誉毀損・信用毀損といった問題にも発展しかねません。**

メタバースで活動しているアバターの向こう側には現実で生活している人がいるわけで、セクハラやパワハラなど現実で起こり得るトラブルは、メタバース内でも起こります。

また、AIの発達により言語を問わずスムーズにコミュニケーションができるようになると、国籍を問わずさまざまなユーザーがサービスを利用することが可能となり、サービス内で越境取引が行われる可能性がどんどん高まります。

そこで生じたトラブルをどのように法的に解決するのかが、今後の課題です。

お答えしましょう!

セクハラ、パワハラなど、現実世界で起こり得るトラブルはメタバース内でも起こると心得ましょう。

■ メタバースサービスの当事者とその関係性とは?

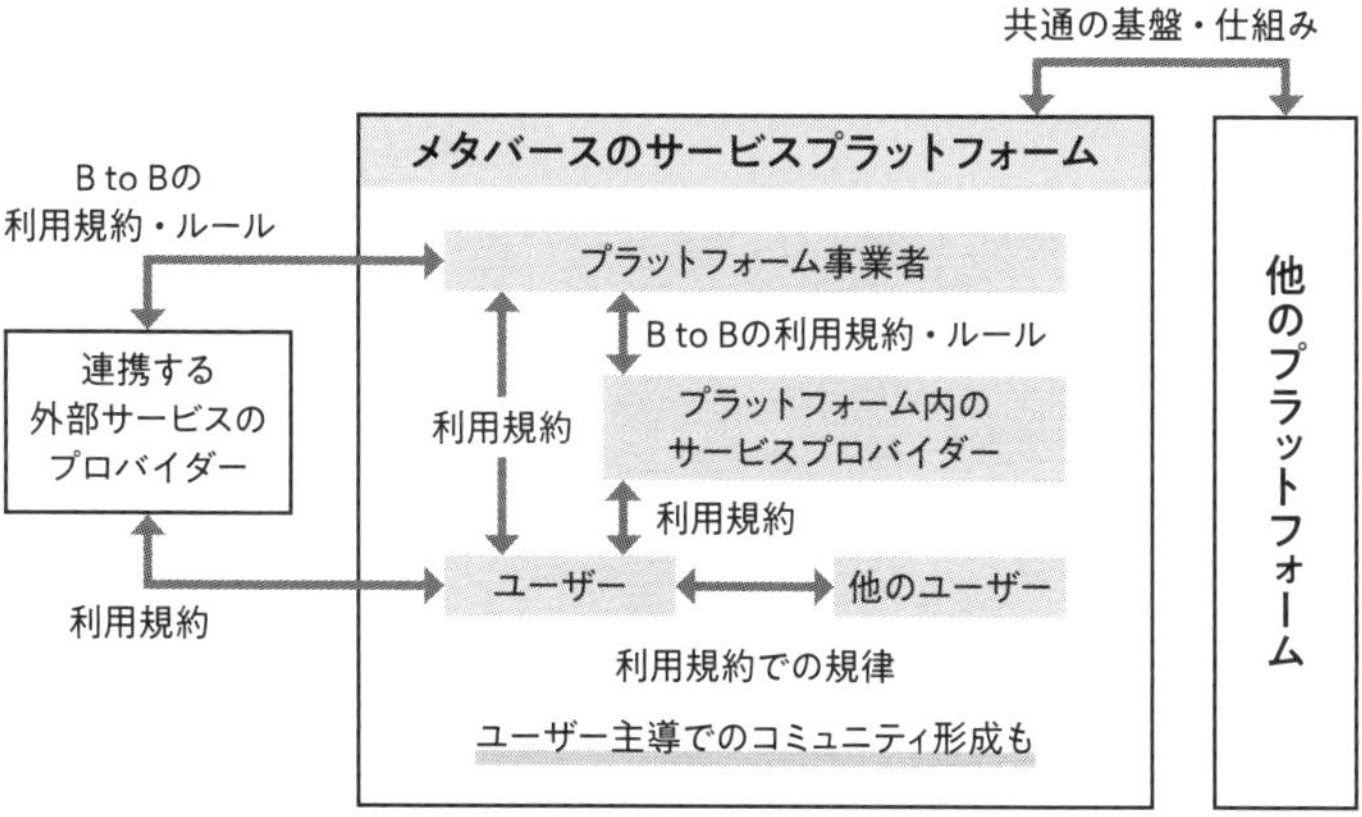

共通の基盤・仕組み
メタバースのサービスプラットフォーム
他のプラットフォーム
B to Bの
利用規約・ルール
連携する
外部サービスの
プロバイダー
利用規約
プラットフォーム事業者
B to Bの利用規約・ルール
利用規約
プラットフォーム内の
サービスプロバイダー
利用規約
ユーザー
他のユーザー
利用規約での規律
ユーザー主導でのコミュニティ形成も

■ メタバースで起き得るトラブルとは?

肖像権とパブリシティ権のトラブル

人型のアバターに実在する人の顔を使うとトラブルになるかも?

人型のアバターの顔に、実在の人物の顔を使った場合は肖像権、著名人の顔を使った場合にはパブリシティ権を侵害する可能性があります。

越境利用に伴うトラブル

国境をまたいだサービスなので、どこの国の法律が適用されるんだろう?

メタバース内で越境取引が行われ、トラブルが発生した時にどの国の法律が適用されるのか、いまだ不明確な部分があります。

メタバースの魅力

9

メタバース市場はどんな構造になっている？

お答えしましょう！

体験、デバイス、空間の3つに分けられますが、さらに細分化した分類も。

■ メタバース市場の3つのレイヤーとは？

体験はゲームやイベントなどのコンテンツ全般のこと、デバイスはVRゴーグルやスマートグラスなどのインターフェースのこと、空間はメタバースプラットフォームのことを指します。

メタバース市場は3つのレイヤーからなる

世界中の企業が熱い視線を向けているメタバース市場は、大きく分けて3つのマーケットレイヤーに分類できます。

その3つとは、**①体験、②デバイス、③空間**です。

体験はゲームやイベントなど実際に楽しめるコンテンツやサービスを提供することを、デバイスはヘッドマウントディスプレイなどのインターフェースを製造販売することを、空間はメタバースプラットフォームを

POINT

メタバース市場に参入するなら市場の構造を知ろう

■ ジョン・ラドフによる7つのマーケットレイヤー

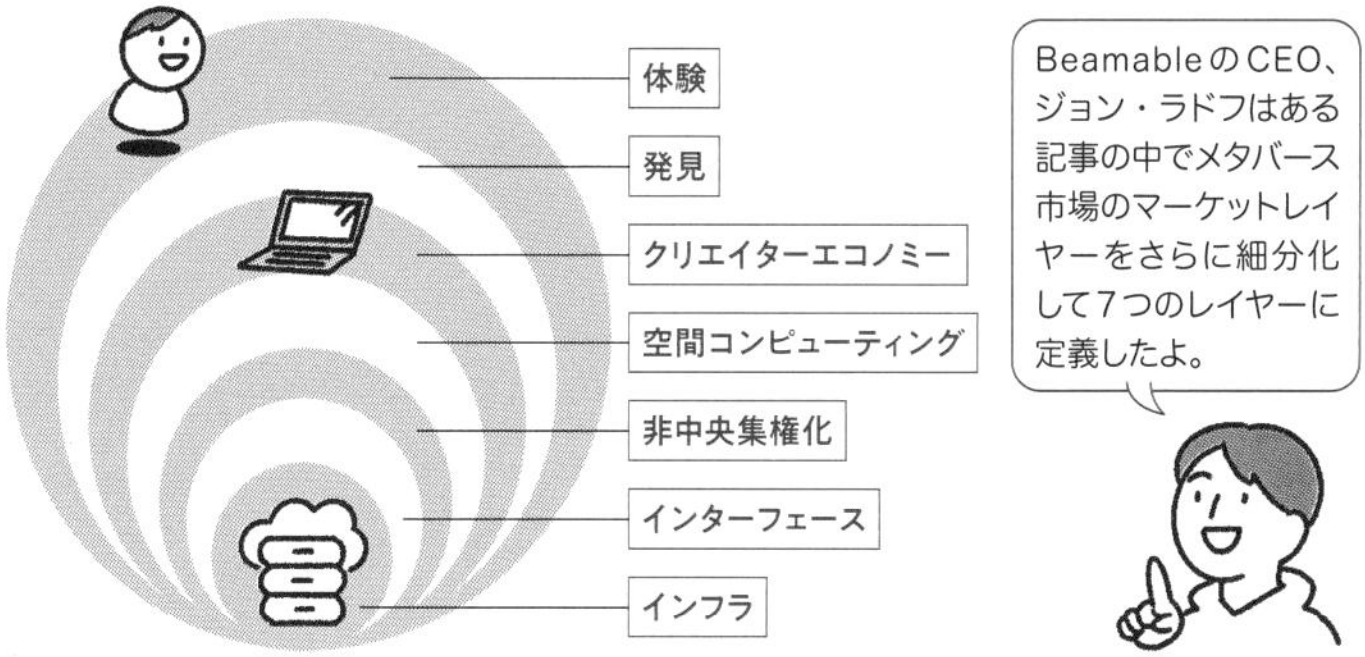
体験
発見
クリエイターエコノミー
空間コンピューティング
非中央集権化
インターフェース
インフラ
BeamableのCEO、ジョン・ラドフはある記事の中でメタバース市場のマーケットレイヤーをさらに細分化して7つのレイヤーに定義したよ。

個々のサービス事業者に提供することを指します。

市場は7つのレイヤーに分類できるという主張

メタバース関連企業であるBeamable《ビーマブル》のCEO、ジョン・ラドフは、この3つをさらに細分化して、**メタバース市場は7つのレイヤーに分類できる**と主張しました。それが、上の図の分類です。

「体験」はゲームなどのコンテンツ、**「発見」**は広告ネットワークやソーシャル検索、**「クリエイターエコノミー」**はデザインツールやデジタルアセットを販売するマーケット、**「空間コンピューティング」**は3DCGを制作するエンジンやXR関連の技術、**「非中央集権化」**はブロックチェーン技術や先端的コンピューティング、**「インターフェース」**はVRゴーグルやスマートグラスなどのデバイス、**「インフラ」**は5G／6G回線やクラウドコンピューティングを指しているといいます。

KEYWORD

マーケットレイヤー……ある市場を構造的にいくつかの「レイヤー（階層）」に分類したもののこと。

メタバースがさらに発展するために必要なことは？

POINT

職場や学校でVR機器がマストアイテムになることが重要

今後続々とARグラスが発売される予定

メタバース普及のカギとされるのはゲームビジネスですが、本格的な普及のためには、**「多くのゲーマーがメタバースに参加する」必要があります。**

現時点において、ゲーム機器のシェアはPC、家庭用ゲーム機、スマホが大半を占めており、VRゴーグルを持っている人は少ないのが実状です。

全世界のゲーマーたちがVRゲームをするようになれば、メタバースへの理解は一気に進み、普及が加速すると考えられています。

次のステップは、職場や教育現場でのXR（90ページ参照）の活用が一般的になるという段階です。

ビジネスの現場では、Meta（旧Facebook）がVRワークスペース「Horizon《ホライゾン》 Workrooms《ワークルーム》」を発表するなど、徐々に普及が進んでいますが、Microsoftのオフィスとの連携など、まだまだ課題が残っています。

ビジネスの現場に加え、教育現場でもVRゴーグルがマストアイテムになれば、メタバース普及の強力な後押しになるでしょう。

そして、最後のステップが、ARの分野でARグラスがスマートフォンに取って代わることです。

ARはスポーツ、家電シミュレーション、地図案内、バーチャルメイク、バーチャルフィッティングなど、きわめて多種多様な用途に用いられると考えられています。これによってゲームをしない層も取り込むことができるでしょう。

お答えしましょう!

ゲーマーを取り込む、仕事や教育現場で普及するなどのステップが必要です。

■ メタバースが普及するまでの3つのステップ

1. 世界中のゲーマーがメタバースに参加する

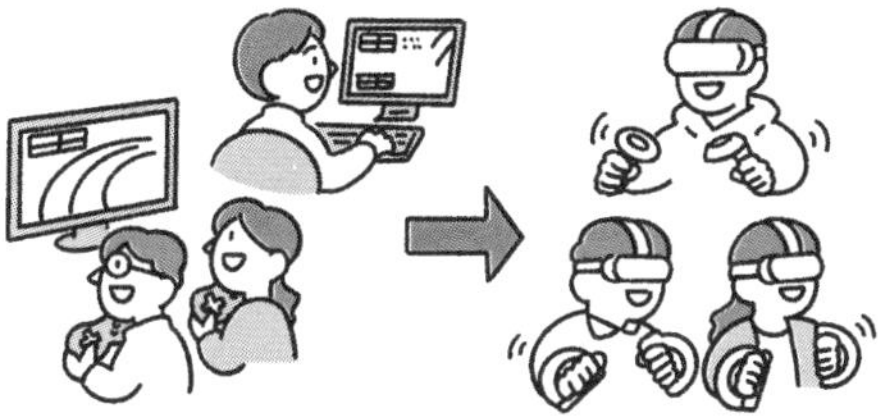

全世界で約20兆円規模と言われるゲーム業界ですが、VRゲーム機器のシェアはまだまだ発展途上。世界中のゲーマーがVRを使うようになるのが、メタバース普及への最初のステップです。

2. 職場・教育の現場でVRゴーグルなどのデバイスが浸透する

2022年時点で、日本の学校教育の現場では、タブレットの使用はかなり浸透していますが、今後はVRゴーグルなどのメタバース関連デバイスが普及していくと見られています。

3. ARグラスがスマホに取って代わる

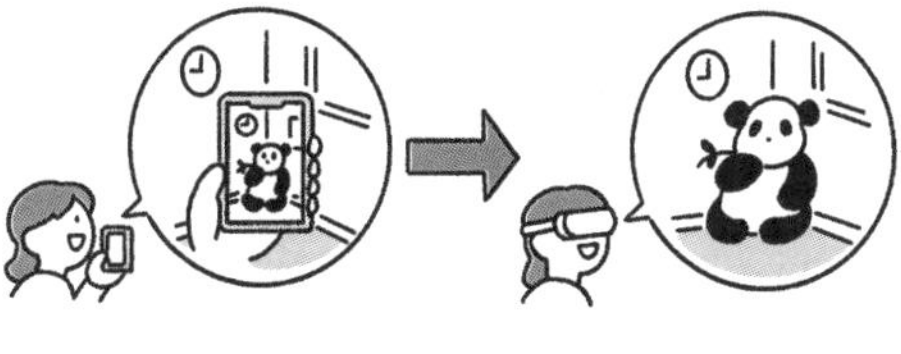

ARは2022年時点ではスマートフォンで利用するのが主流ですが、今後はARグラスが浸透していくと考えられています。すると、メタバースへの理解も深まって普及していくと考えられています。

Snow《スノウ》 Crash《クラッシュ》……88ページ
アメリカのSF作家ニール・スティーヴンスンが1992年に発表したSF小説。作中に3D仮想空間「メタバース」が登場。メタバースという概念および名称の由来となった作品として知られる。

アバター……88ページ
3D仮想空間「メタバース」において、自分の分身として操作するキャラクター。その姿は人型にとどまらず、多くのバリエーションがあり、外見をカスタマイズできる。

VR……90ページ
Virtual《バーチャル》 Reality《リアリティ》（仮想現実）の略称。専用のゴーグルなどを装着し、コンピュータによって作り出された360度全方位の映像と音声で仮想空間を体感することができる技術。

AR……91ページ
Augmented《アグメンティッド》 Reality《リアリティ》（拡張現実）の略称。目の前の現実世界の映像・位置情報などに対応する情報を表示することで、現実を仮想的に拡張する技術。

MR……91ページ
Mixed《ミックスド》 Reality《リアリティ》（複合現実）の略称。現実世界と仮想世界を複合する技術。目の前の現実空間に、仮想的な映像をホログラムのように表示させる技術。

VR酔い……92ページ
VRゴーグルを装着して3D仮想空間の映像を見ながら活動している際に起こる現象。人によってめまい、吐き気などを覚える。画面の変化と頭の動きとの間に差が生じることが原因とされる。

相互運用性……95ページ
あるプラットフォームが、他のプラットフォームと接続したり、組み合わさったりして連携できること。英語では「Inter《インター》operability《オペラビリティ》」と言う。

PCVR……100ページ
PCに接続して用いるVRゴーグル、またはその技術。VRゴーグルとPCをUSBケーブルなどで接続することで、スタンドアロン型よりも豊かな映像処理が可能になる。

スタンドアロン型……100ページ
機器、ソフトウェア、システムなどが、それ単独で機能すること。PCに接続しなくてもゲームなどを楽しむことができるVRゴーグル。

BMI……101ページ
Brain《ブレイン》 Machine《マシン》 Interface《インターフェース》の略称。私たちの脳とコンピュータを直接接続する技術。頭蓋内に電極を埋め込む方式と、開頭手術を伴わない方式がある。

6G……105ページ
第6世代移動通信システム。5Gの次に来るとされる通信規格で、2030年をめどに導入される見込み。100Gbps以上の速度でのデータ伝送が可能になるとされている。

第 5 章

すみません、Web3の最新キーワードがわかりません！

日夜進歩しているブロックチェーン技術によって、比較的新しいWeb3の世界でも、次々と画期的なサービスや概念が誕生しています。本章では、Web3やNFT、メタバースを語る上で外せない重要ワードを深掘りし、Web3の知識を底上げしていきます。

Web3のカギとなる「自己主権型アイデンティティ」とは？

お答えしましょう！

企業が管理していた個人情報を、ユーザーの手に取り戻すという考え方です。

■ 自己主権型アイデンティティとは？

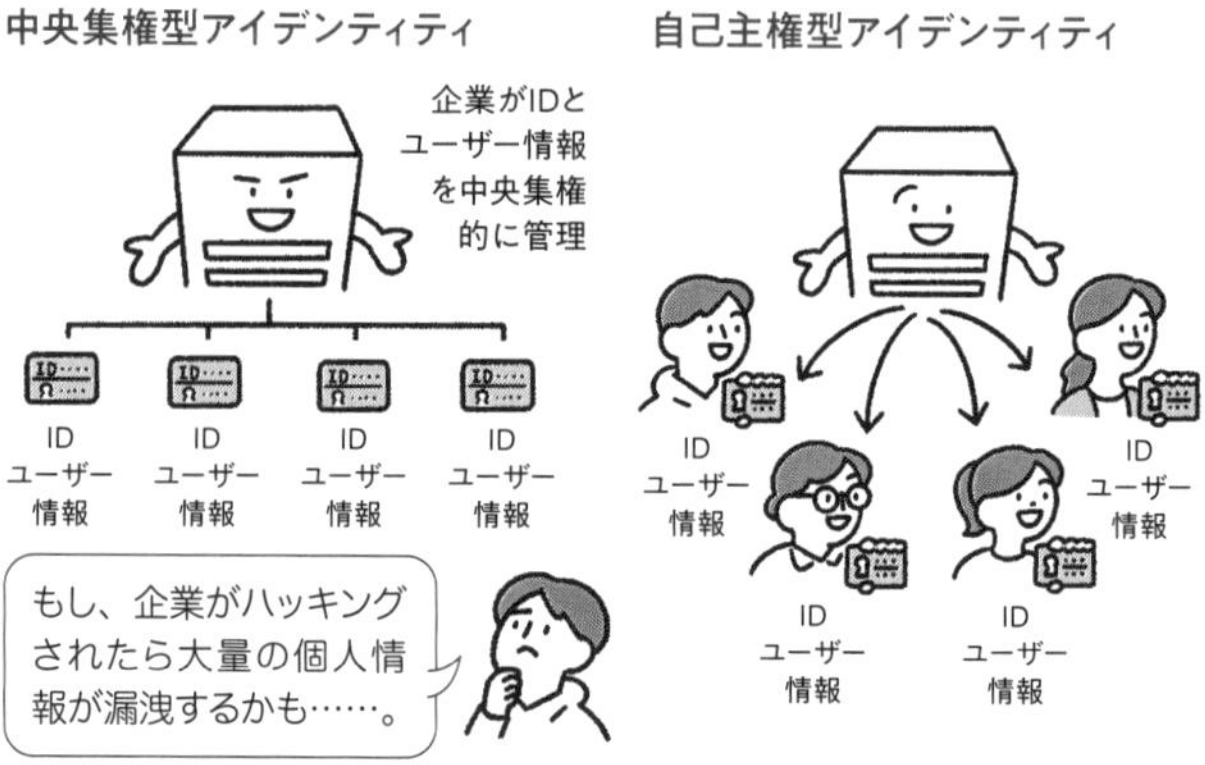
中央集権型アイデンティティ
自己主権型アイデンティティ
企業がIDとユーザー情報を中央集権的に管理
ID ユーザー情報
ID ユーザー情報
ID ユーザー情報
ID ユーザー情報
もし、企業がハッキングされたら大量の個人情報が漏洩するかも……。
ID ユーザー情報
ID ユーザー情報
ID ユーザー情報
ID ユーザー情報

自己主権型アイデンティティでは、IDとユーザー情報を企業ではなく個々のウェブサービス利用者が管理することとなります。こうしたアイデンティティのあり方を実現するために必要なのが分散型IDの技術です。

中央集権型アイデンティティのデメリット

Web3の時代には、**自己主権型アイデンティティが実現するのではないか**と言われています。これは、従来の中央集権型アイデンティティのデメリットを克服したものです。

中央集権型アイデンティティでは、企業側が私たちのIDや個人情報を管理しているので、一度登録した情報を再入力する手間が省けるという利便性はありますが、ハッキングなどによって大量の個人情報が流出し

POINT
自己主権型アイデンティティを実現するのが分散型ID

■自己主権型アイデンティティにより実現できること

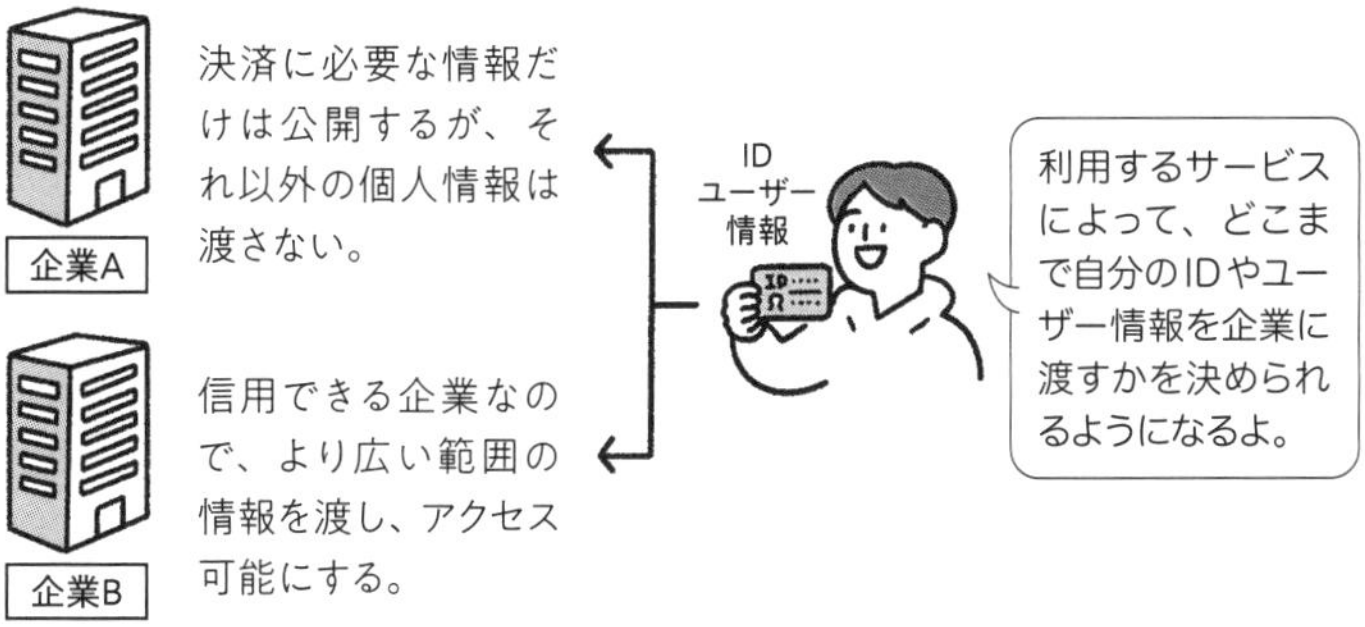
企業A
決済に必要な情報だけは公開するが、それ以外の個人情報は渡さない。
企業B
信用できる企業なので、より広い範囲の情報を渡し、アクセス可能にする。
ID
ユーザー情報
利用するサービスによって、どこまで自分のIDやユーザー情報を企業に渡すかを決められるようになるよ。

てしまうリスクやユーザーの意図しないことに個人情報が利用される危険性がありました。

実現のカギを握るのは「分散型ＩＤ」の進歩

それらのデメリットを克服するのが自己主権型アイデンティティです。これは、簡単に言えば、**ＩＤやユーザー個人情報を個々のウェブサービス利用者の手に取り戻し、利用者自身がその個人情報をコントロールすることができる**という考え方です。

これを実現するためには、ブロックチェーン技術を使った**「分散型ＩＤ」**を実現する必要があります。

分散型ＩＤとは、個々のユーザーが、信頼できる第三者機関から発行された証明書をブロックチェーン（分散台帳）に記録していくことで、自らの個人情報に関する管理権限を確保し、それらの情報の中から必要なものだけを企業側に提供、アクセス権限を与えることができるというものです。

KEYWORD

分散型ＩＤ……ブロックチェーン技術を用いた新しいＩＤ管理方法。ユーザー本人が個人情報を管理、コントロールできる。

Web3のキーワード
2

分散型アプリケーション「DApps」ってどんなもの？

POINT

DAppsの特徴は耐久性、透明性、検閲耐性の3つ

DAppsの開発基盤の主流はイーサリアム

DApps《ダップス》とは、「Decentralized Applications《ディセントラライズド アプリケーション》」の略称で、日本語では**「分散型アプリケーション」と呼ばれるWeb3ならではのアプリ**のことです。

DAppsは、これまでのアプリとは異なり、中央管理者がいません。したがって、管理者を介在せずにユーザー同士でデータのやり取りが可能です。また、特定のコンピュータ上にアプリが存在しておらず、ブロックチェーン上に存在しています。そして、一度リリースされたら、そのあとは基本的にメンテナンスの必要がなく、自律的に動作し続けます。多くのDAppsはイーサリアムのスマートコントラクトをベースにしているため、常に自動的に動作し続けることができるのです。

そのため、DAppsは、従来のアプリと比較すると、**「耐久性」「透明性」「検閲耐性」の3つの要素において非常に優れています。**

また、従来のアプリは、ソースコードが公開されておらず、アプリの中身を知っているのは開発・運営元などに限られていましたが、DAppsはオープンソースのためソースコードを誰でも閲覧することができ、また、操作ログがブロックチェーンに記録されていきます。

その上、DAppsのソースコードは一度リリースされれば基本的に変更されません。そのアップデートは、ユーザーたちの合意形成によって行われるので、特定の中央管理者による恣意的な変更が難しい仕組みといえます。

お答えしましょう!

中央管理者を介さずとも、ブロックチェーン上で自律的に動作する分散型のアプリです。

■ DAppsとは何か?

分散型のアプリケーション

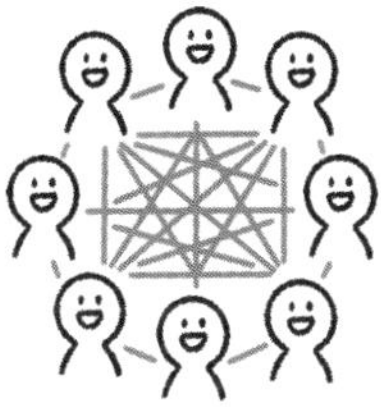

DAppsは中央管理者が介在しなくても動作し、ユーザー同士が直接データのやり取りをすることが可能です。

ブロックチェーン上に存在する

ブロックチェーン上で動作が完結するんだね。

特定のコンピュータやサーバーに存在しておらず、ブロックチェーン上に存在し、自動で動き続けます。

■ Dappsの三大特徴とは?

耐久性

メンテナンスなしで24時間動作します!

メンテナンスを必要とせず、ノンストップで動作し続けることが可能です。

透明性

コードの中身を誰でも閲覧できて安心だね。

DAppsはオープンソースなので、アプリのソースコードを誰でも閲覧することができます。

検閲耐性

変更不可
コードを誰も改変することができません!

中央管理者による自由な変更ができたこれまでのアプリとは異なり、DAppsは特定の誰かが恣意的に変更したりできません。

Web3のキーワード
3

金融を非中央集権化する「DeFi」とは何ですか？

POINT
普及すれば経済格差の解消に一役買う？

金銭的・時間的コストが大幅に削減できる

DeFi《ディーファイ》とは「Decentralized《ディセントラライズド》 Finance《ファイナンス》」の略称で、日本語では**「分散型金融」**と訳されます。

DeFiは、従来の金融機関と異なり、**金融システムを管理する中央管理者が存在しない「非中央集権型サービス」**です。そのため、世界中の人びとがダイレクトにつながってお金のやり取りをすることができ、全ての取引はブロックチェーン上に記録されることになります。また、スマートコントラクトが導入されていれば、各ユーザーが設定したルールにそって自動的に取引が行われます。

これらの特徴のおかげで、DeFiは、お金のやり取りの仲介手数料が抑えられ、海外への送金の際に時間がかかることもありません。金銭的、経済的コストがかなり低く抑えられるようになるのです。

さらに、DeFiによって、従来の金融機関では貸付を受けることができなかった人、具体的には発展途上国の人びとが貸付を受けられるようになるかもしれません。ただし、現時点では、お金を借りたい場合には、それと同額以上の暗号資産を担保として差し出す必要があるなど、与信機能の実現には至っていません。

DeFiを活用している実例としては、Compound《コンパウンド》というイーサリアム上の暗号資産のレンディング（貸付）プラットフォームなどが知られていますが、これに限らず、預託によって利息が得られるサービスは増加傾向にあります。

お答えしましょう！

従来の金融機関と異なり、中央管理者が存在しない非中央集権型の金融サービスで、「分散型金融」と訳されます。

■ DeFi《ディーファイ》（分散型金融）とは？

お金を貸して欲しい！
ちょっと、僕の条件に合ってないのでごめん。
僕も貸します！
貸せますよ！
いいですよ！
条件に合ってないので貸せないな。

DeFiでは中央管理者がおらず、ブロックチェーン上のスマートコントラクトを利用して、取引の可否が自動的に判定され、速やかに貸付が行われます。人びとが直接、融資、調達、投資を行うため、仲介者に手数料を払う必要がありません。

■ DeFiの実例「Compound《コンパウンド》」の特徴は？

利息が得られ、暗号資産を担保にできる

借入可能
利息
担保
お金を預けていると利息が増える！

銀行と同じようにお金を預けていると利息が増え、また、預けている暗号資産を担保にお金を借りることができます。

貸し出すと金利収入が得られる

貸出
金利収入
TOKEN

Compoundを利用して誰かにお金を貸し出すと、トークンを金利収入として得られます。

運営方針の決定に関われる

COMP
（コンプ＝ガバナンストークン）
COMPの保有率に応じて運営方針を決める投票権が得られるんだ。

cToken（債権トークン）とは別にCOMPというガバナンストークンをもらうことができます。

Web3のキーワード 4

「クリプトエコノミー」とはどんな経済？

お答えしましょう！

暗号資産が流通し、それによって成立している経済圏のことです。

■ フィアットエコノミーとクリプトエコノミーとは？

フィアットエコノミー
➡円やドルなどの法定通貨で成立している経済圏

クリプトエコノミー
➡暗号資産で成立している経済圏

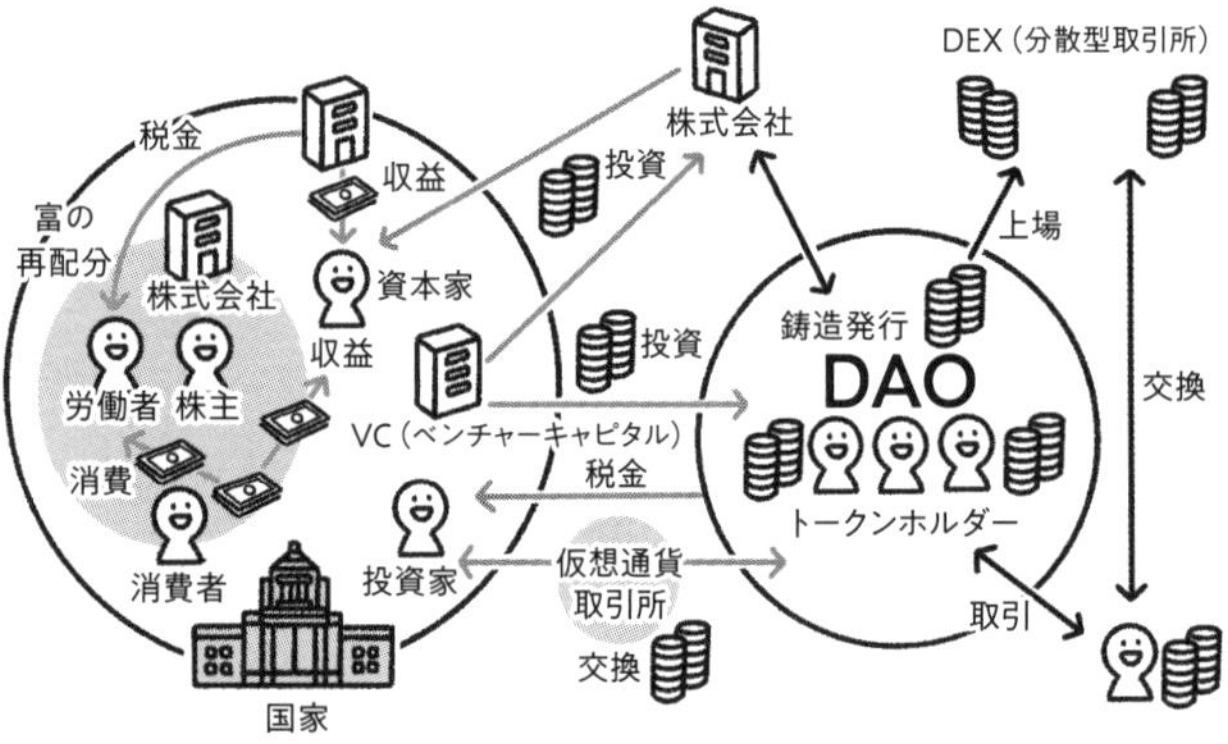

※『テクノロジーが 予測する未来 web3、メタバース、NFTで世界はこうなる』（SBクリエイティブ）を参考に作成

クリプトエコノミーとフィアットエコノミー

クリプトエコノミーという言葉を聞いたことがあるでしょうか？　クリプトとは、Crypto《クリプト》 asset《アセット》（暗号資産）などに使われている「暗号」を意味する言葉。

つまり、**クリプトエコノミーとは、暗号資産が流通し、それによって成立している経済圏**のことを指します。

一方、従来の法定通貨が流通し、それによって成立している経済圏は**フィアットエコノミー**と呼ばれます。

POINT
クリプトエコノミーへの資金流入が加速するか？

■ クリプトエコノミーに流れたお金はどうなる？

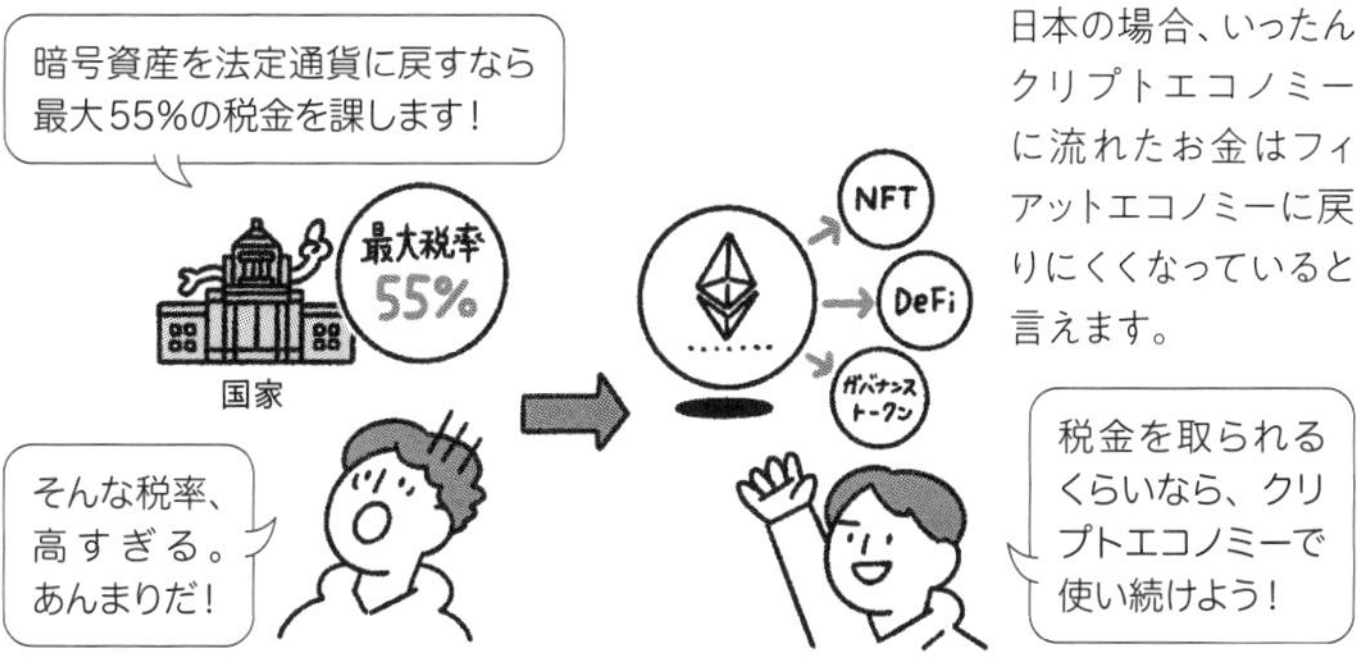
暗号資産を法定通貨に戻すなら最大55%の税金を課します！
最大税率 55%
国家
そんな税率、高すぎる。あんまりだ！
NFT
DeFi
ガバナンストークン
日本の場合、いったんクリプトエコノミーに流れたお金はフィアットエコノミーに戻りにくくなっていると言えます。
税金を取られるくらいなら、クリプトエコノミーで使い続けよう！

日に日に増加するクリプト人口

クリプトエコノミーでは、ブロックチェーン技術を基盤とした暗号資産が流通し、NFT、DeFi、DAppsなど、さまざまな非中央集権的なシステムやサービスが存在しています。その中心はDAO《ダオ》（分散型自律組織、120ページ）です。

一方、従来のフィアットエコノミーでは、国によって経済や政治が管理され、企業でも、多くの決定はトップダウンによってなされています。つまり、フィアットエコノミーの世界では、ほとんどのことが中央集権的に運営されているのです。

クリプトエコノミーに流入している資金は日に日に増えており、2021年10月には暗号資産全体の時価総額は300兆円に到達しました。しかし、それでも、イーサリアムにアドレスを持っている人は世界で2億人ほどだと言われており、世界人口の約2・5％に過ぎません。

KEYWORD

フィアットエコノミー……法定通貨が流通し、それによって成立している経済圏。中央集権的な国家が管理している。

Web3のキーワード

5

チームの成長で価格が上昇する「クラブトークン」とは？

POINT

チームとファンがWin-Winの関係になるためのツール

世界中のチームがすでに発行し実績を挙げている

コロナ禍の影響でさまざまなイベントや試合が中止になったことで、世界中のスポーツチームが無観客開催を強いられるなど大きな打撃を受けました。そんな逆境の中で生み出されたのが**「クラブトークン」**です。

クラブトークンとは、あるチームのファンが、ブロックチェーンによって発行されるトークン（独自の暗号資産）を購入することでそのチームへ経済的な支援を行うとともに、その見返りとしてさまざまな特典が得られるというものです。

しかも、トークンを購入したい人が増えれば増えるほどトークンの価値が上がっていく仕組みなので、運営側にとっても、初期に購入した人びとや継続的に購入してきた人びとにとってもメリットになります。また、左図で紹介しているように、トークン保有者は、チームの運営に関わる投票に参加することもできます。

ファンは好きなチームを応援して特典を得られ、チームは経済的な支援を受けてチームの価値も上昇するという、**ファンとチームがWin-Winの関係になれるのがクラブトークン**なのです。

海外では、スペインのプロサッカーチーム・FCバルセロナやイタリアのユヴェントスFC、サッカーのポルトガル代表、アルゼンチン代表などがクラブトークンをすでに発行しており、日本でも2021年1月にサッカーチーム・湘南ベルマーレが「湘南ベルマーレトークン」を販売しました。

お答えしましょう！

スポーツチームが発行し、ファンが購入してチームを応援する、ファンとチームがWin-Winになれるトークンです。

■ クラブトークンとは？

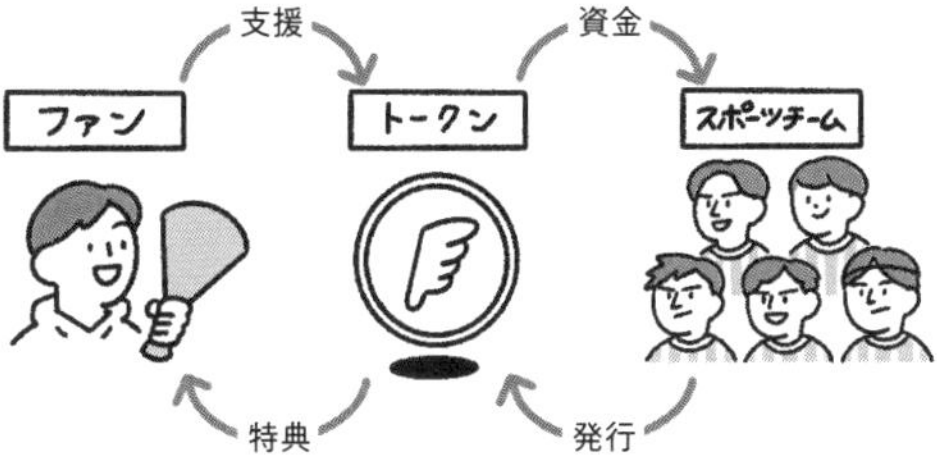

支援
資金
ファン
トークン
スポーツチーム
特典
発行

スポーツチームがファンに対して発行するトークンのこと。ファンは、トークンを保有することでさまざまな特典が受けられ、また、チームを経済的に応援することができます。

■ クラブトークン保有によるメリットとは？

運営に関わる投票に参加できる

今度のユニフォームデザインはあれがいい！
投票

トークンを保有している人は、MVPの選出やユニフォームデザインなどの決定に投票で参加することができます。

特典・グッズ抽選に参加できる

サイン入りグッズが当たるといいな！

トークン保有者だけが参加できる特典・グッズ抽選会に参加できます。

トークン保有数に応じた特典がもらえる

長年、応援し続けてくださったので限定のカードを差し上げます！

トークンの保有数や、保有期間に応じて、チームから特典をもらうことができる。

のぼり旗などに名前を掲載できる

自分の会社を宣伝できるいい機会だ！

トークン保有者は、のぼり旗や大型ビジョンに名前を掲載してもらえる。

分散型自律組織「DAO」とはどんな概念なの？

お答えしましょう！

中央管理者不在の、すべての参加者がトークン保有比率に応じて発言権を持つ組織です。

■ DAOとは？

DAO（分散型自律組織）

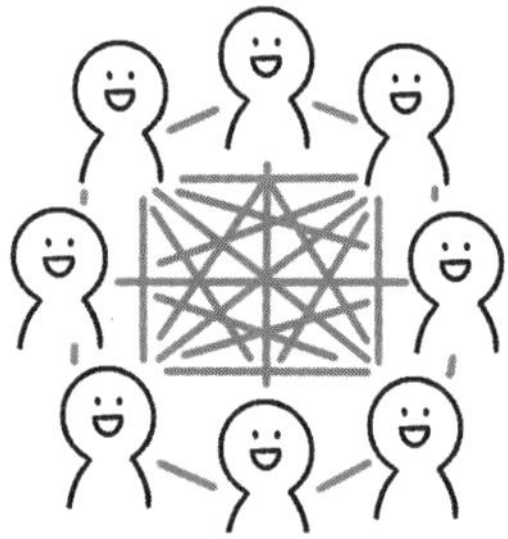

DAOでは、意思決定権を独占する中央管理者は存在せず、参加している人びとが基本的に同等の発言権を有しています。

指示型組織

従来の指示型組織は、ピラミッドのような階層を持ち、意思決定権を一部の人間が独占していました。

ピラミッド型の従来組織とDAOの違い

ブロックチェーン、NFT、DeFi、DAppsなど、Web3を代表するシステムのほとんど全てに共通する点があります。それは**「分散型」**または**「非中央集権的」**であるということです。

そして、Web3時代の組織のあり方としても、そういった特徴を持つものが登場しました。それが、**DAO**《ダオ》です。

DAOとは、「Decentralized《ディセントラライズド》 Autonomous《オートノマス》 Organization《オーガナイゼーション》」の

POINT
株式会社に取って代わる新しい組織の形になる？

■ DAOはインセンティブに革命をもたらす?

全ての参加者が
貢献度に応じて
インセンティブ
をもらえるよ!

DAOでは、全ての参加者がインセンティブの恩恵を受けることができます。参加者にはユーザーも含まれるので、初期からDAOに貢献してきたユーザーは経済的な見返りを得られるのです。

略称で、日本語では「分散型自律組織」と訳されます。従来の組織（指示型組織と言います）は、ピラミッドのような上下関係の階層を持ち、トップダウンで物事が決定していました。しかし、**DAOでは意思決定権を独占する中央管理者がおらず、同じ目的を持ったメンバーが集まって、上下の別なく出資・開発・維持などの活動を「自律的」に行います。**

DAOの代表例は ビットコインなど暗号資産

DAOの代表例は、ビットコインとイーサリアムです。そう聞くと、「その2つは暗号資産じゃないの?」と疑問に思う方もいるかもしれませんが、ブロックチェーン上で一定のルールに従って運営されている点では、DAOの典型といえます。

ブロックチェーンにデータが記録・保管されるためには、マイナーによるマイニングが不可欠でした。つまり、**暗号資産は複数の参加者が関わっている組織**でもあるのです。

KEYWORD
分散型自律組織……決定権を独占する中央管理者がおらず、すべての参加者が自律的に活動する組織。

Web3のキーワード

7

DAOで実現する「デジタル国家」とは？

POINT

エストニアなどヨーロッパで生まれつつある？

DAOの理念が国家規模にまで発展した形

DAOの理念をさらに推し進めていったのが、**デジタル国家**という概念です。組織や企業を自律分散型にすることができるのならば、**究極的には国家も自律分散型にできるのではないか**というわけです。

デジタル国家という言葉には、いまだ厳密な定義は存在していませんが、現時点でデジタル国家を目指している人びとの考えによると、DAOによって国家が担っている機能の一部、または全部をブロックチェーン上で行うようになる国家のことを指しているようです。

また、それによって国家としてのあり方を非中央集権的なものに作り替えるという意図を持った人びともいます。

実例としては、エストニアがビットネーションと連携した例、スペイン・カタルーニャ州の「カタランDAO」の例などが挙げられます。

ビットネーションとは、ブロックチェーン技術によって、国家という機関を通さずに土地登記、婚姻、出生、死亡、パスポート、戸籍登録、財産権の記録などの公的認証サービスを担い、またスマートコントラクトによって自動化するサービスを提供しているプロジェクトです。

これにより、国家は、かりに戦争や災害により国家機能が維持できなくなったとしたとしても、情報の上では存続できることになります。つまり、**物理的・地理的な制約に縛られなくなる**のです。近い将来、本格的なデジタル国家が誕生するかもしれません。

お答えしましょう!

国家の機能をブロックチェーン上で実現する、物理的、地理的な制約のない新しい国家のあり方です。

■ 電子先進国エストニアの試み

エストニアのように陸続きの国家が隣接し合っているヨーロッパの国々では、ロシア・ウクライナ戦争のような突発的な事態が引き金となって、領土が崩壊し、国民情報を失うリスクがあります。

エストニアは、元々電子先進国でほとんどの行政手続きがオンラインで可能なんだ。

エストニア
Bitnation
婚姻、出生証明、難民のための緊急IDなどを発行
領土崩壊、国民情報消失のリスクを担保するため、エストニアはビットネーションと連携することを決めたんだ。

ビットネーション（Bitnation）は2014年に生まれた、イーサリアムをベースにしたスマートコントラクト技術です。ブロックチェーンを利用して、土地、居住地域、国境を越えて、国民にとって不可欠なIDやその他の法的·行政的な記録を保管します。

KEYWORD

デジタル国家……国家としての機能の一部または全部を、ブロックチェーン上で行う国家の新しいあり方。

NFTを「MINT」するってどういう意味？

POINT
他人のコンテンツをMINTすると著作権侵害になる

お答えしましょう！

新たにNFTを作成、発行するという意味です。手順と注意事項を確認しておきましょう。

■ NFTをMINTするとは？

自分のアート作品をNFT化して販売したい！
MINT
＝
鋳造する
MINTされた状態になれば、マーケットプレイスで販売できるよ！

新しくコインを鋳造することになぞらえてNFTを新たに作成、発行することを「MINT（ミント）」すると言います。

MINTされるとは、言い換えれば、あなたのコンテンツがNFTとしてブロックチェーンに刻まれること（オンチェーン）を意味しています。

MINTの由来は「鋳造」を意味する英語から

MINT《ミント》は、NFTを新たに作成、発行することを意味しています。元は、英語で「鋳造」を意味するminting《ミンティング》という言葉が由来です。

たとえば、何かオリジナルのアート作品などのコンテンツを持っているとします。それを**NFT化してマーケットプレイスで販売したいと思ったら、その作品をブロックチェーンに刻んで販売可能な状態にしなければなりません。これが**

■ MINTは具体的にどうやるの？

MINTまでの手順

1. 暗号資産取引所に登録し、イーサリアムを購入

▼

2. イーサリアムをMetaMask（ウォレット）に入金する

▼

3. OpenSeaのアカウントとMetaMaskを連携させる

▼

4. OpenSeaのスマートコントラクトを使ってNFTを発行し、出品

MINTに必要なもの

- 自分のオリジナルのコンテンツ
- イーサリアムなどの暗号資産
- MetaMaskなどのウォレットのアカウント
- OpenSeaなどのマーケットプレイスのアカウント

MINTするには、これらを準備しておこう！

MINTです。

また、MINTの過程においては、スマートコントラクトが必要になります。スマートコントラクトには、共用コントラクトと独自コントラクトの2種類があります。

共用コントラクトは、OpenSea《オープンシー》などのマーケットプレイスが用意しているもの、独自コントラクトは自分で作成したもののことです。初心者は、前者を選びましょう。

MINTする際は2つのことに気をつける

また、MINTする際の注意点ですが、まずは、**オリジナルコンテンツを用意するということ**が大切です。他人のコンテンツを勝手に使うと著作権侵害になりますので注意してください。

そして、NFTに詳しくないからといって、**よく知らない第三者に出品を依頼しないこと。**その人があなたの作品を勝手に自分のものとしてMINTしてしまうかもしれないからです。

KEYWORD

MINT……新たにNFTとして作成、発行すること。元は英語のminting（鋳造）という言葉に由来。

Web3のキーワード 9

リアルの街を元に造られる「バーチャルシティ」って何？

POINT
リアルからバーチャルに変わるとさまざまなメリットがある

教育、都市計画……無限の可能性を秘めている

バーチャルシティとは、リアルの街を仮想空間に再現し、**誰もがVRゴーグル、PC、スマホなどでアクセスすることができる街**のことです。コロナ禍による外出自粛で、人びとがリアルな場所で会うことが難しくなったことを理由に、「リアルからバーチャルへの転換」が求められるようになり、バーチャルシティの需要が高まっていきました。

日本では、2021年10月、KDDIを中心とした渋谷5Gエンターテインメントプロジェクトが「バーチャル渋谷」でハロウィーンイベントを開催。世界中から55万人もの人が参加するほど活況を呈しました。また、バーチャル渋谷は、ライブイベントやクリスマスイベントなどでも人気を博しています。

バーチャルシティのメリットは、まずオーバーツーリズム問題、たとえば渋谷のハロウィーンなど特定の場所への人の殺到を回避できることなどが挙げられます。

また、バーチャルシティは、データとして保存し、あとで追体験することが可能なので、過去のイベントをあとから体験することもできます。これは、一種のタイムトリップ体験のようなものです。江戸時代の町並みなどをバーチャルシティで再現すれば、教育の現場などでも重宝されるかもしれません。

そして、**バーチャルシティを使えば、3D映像を見ながら都市計画を行うことも可能**です。バーチャルシティは、さまざまな可能性を秘めているのです。

お答えしましょう!

誰でもアクセス可能な、仮想空間に造られた実物そっくりの都市空間のことです。

■ バーチャルシティって何?

2021年10月には、渋谷区公認で渋谷の街そっくりの「バーチャル渋谷」が開設。ハロウィーンイベントが開催され、世界中から55万人が参加するほど活況を呈しました。

VRゴーグルがなくても、PCやスマホからでもアクセス可能だよ。
109
本当に渋谷の街そっくりだなぁ。

■ バーチャルシティのメリットとは?

オーバーツーリズム問題の解消

ハロウィーンの騒乱などの問題が解消される!

路上ゴミ問題の解消

路上にゴミが散乱することもなくなる!

過去のイベントを保存可能

過去のイベントを保存でき、あとから追体験できるよ!

都市計画に利用できる

複数人で立体映像を見ながら都市計画ができる!

KEYWORD

バーチャル渋谷 …… 渋谷5Gエンターテインメントプロジェクトが開設した、実際の渋谷を元にしたバーチャルシティ。

Web3のキーワード
10

日本発のアバター統一規格「VRM」ってどんなもの？

お答えしましょう！

1つのアバターを複数のサービスで利用できるようにした統一規格です。

■ 統一規格がないとアバターはどうなる？

サービスA
サービスB
サービスC
いくつものサービスを利用しているけど、それぞれにアバターが存在している……。

メタバースに必須のアバターですが、統一規格が存在していない状態だと、それぞれのサービスごとにアバターを作る必要があります。自分のお気に入りのアバターを全てのサービスで使えるわけではないのです。

アバターの統一規格 VRMの登場

アバターを必要とする複数のプラットフォームやサービスを使う場合、それぞれのプラットフォームごとに別のアバターを作成、利用しなければならないというデメリットがありました。

その問題を解消すべく、日本のドワンゴが中心となって、どのプラットフォームにも依存せずに使うことができる人型3Dアバターの統一規格「VRM《ブイアールエム》」が提唱、開発されたのです。

POINT

オープンソースなので誰でもアバターを作成できる

■アバターの統一規格「VRM」とは？

ドワンゴが開発したアバターの統一規格「VRM」でアバターを作れば、VRMに対応しているサービスでは横断的に同じアバターを使うことができます。

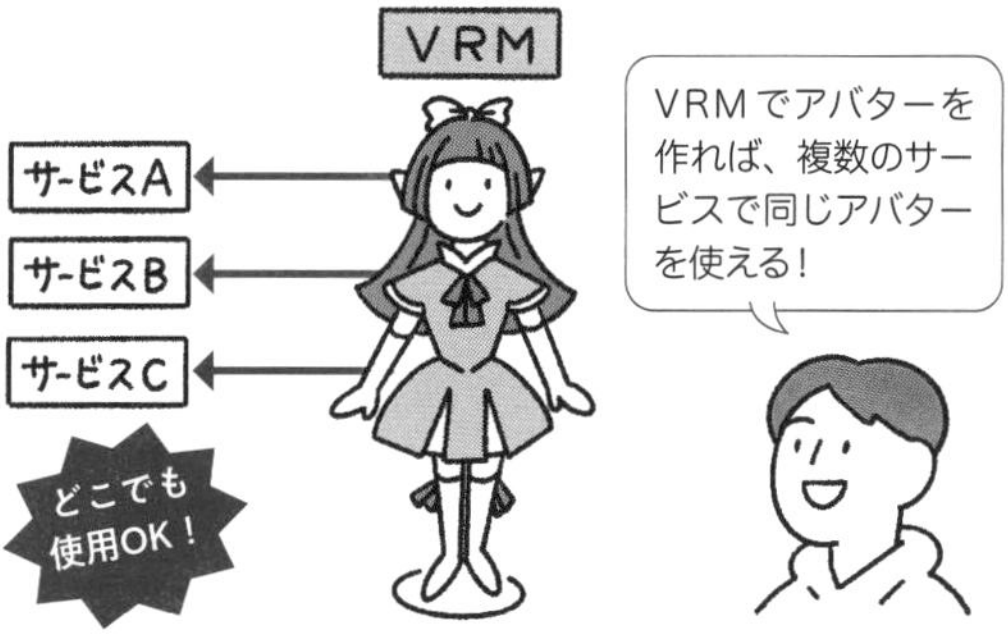
VRM
サービスA
サービスB
サービスC
どこでも使用OK！
VRMでアバターを作れば、複数のサービスで同じアバターを使える！

感情という概念が取り入れられたVRM

VRMで作成したアバターならば、VRMに対応したどのプラットフォームでも同じアバターをシームレスに使うことが可能です。また、VRMはオープンソースとして公開されており、誰でも利用可能です。

VRMは、3Dの標準フォーマットである「glTF《ジーエルティーエフ》2.0」を下敷きに作られていますが、これにはアバターの感情という概念がありませんでした。しかし、メタバース上における他者とのコミュニケーションでは、表情や仕草といったノンバーバル（非言語）な情報がきわめて重要な役割を担っています。

そこで、**VRMは感情という概念を取り入れ、アバターの表情を設定できるように作られています**。VRMでアバターを作るには、初心者はVRoid《ブイロイド》 Studio《スタジオ》などの人型モデルが用意されているソフトで作成するのがおすすめです。

KEYWORD
ドワンゴ……日本のIT企業。KADOKAWAの傘下であり、ニコニコ動画の運営会社としても知られる。

Web3のキーワード

11

日本政府が掲げる「ムーンショット目標」とは？

POINT

目標①はメタバースをベースにした目標だとされている

実現すればこれまでの世界がガラリと変わる

日本の内閣府が掲げている**「ムーンショット目標」**を知っていますか？

これは、日本の内閣府が2020年1月に立案した計画で、**日本発の破壊的イノベーションの創出を目指して決定されたもの**のです。

ムーンショット目標は全部で9つあり、そのうちの**目標①「身体、脳、空間、時間の制約からの解放」**が、メタバースをベースにした研究だと考えられています。

内閣府は、この目標①について、1人の人間が1つのタスクに対して10体以上のサイバネティック・アバター（CA）を操作できる技術・運用基盤を2030年までに開発するとしています。

サイバネティック・アバターとは、私たちの身代わりとなる実体を持ったロボットや3D映像などを示すアバターに加えて、人の身体的能力や知覚・認知能力を拡張するロボット技術などを含む概念を指します。

CAの技術が現実のものとなれば、さまざまなことが可能になります。たとえば、複数の船舶に人間は誰も乗らずにCAを操作して航海したり、脳にAIチップが搭載されることで睡眠中にも作業を行うことができたり、遠隔操作でCAを操作して空間的に離れた場所で作業をしたりといったことが可能になるといわれています。

目標①は、今後、少子高齢化によって人口が大幅に減少する日本にとっての救世主となり得るかもしれません。

お答えしましょう!

壮大な研究開発目標で、実現すれば人口減少に悩む日本を救う可能性を秘めています。

■ ムーンショット目標①とは?

本当に実現すれば、私たちの日常はまさにSFの世界になる!
空間、時間の制約からの解放
アバターを利用して、1人の人間が同時に複数のタスクを実行するようになる。
身体の制約からの解放
サイバネティック・アバターやロボットによって、危険な場所でも安全に作業できるようになる。
脳の制約からの解放
AIチップを脳に埋め込むことによって、誰でもどんな言語でも話せるようになる。

ムーンショット目標①は、1人の人間の身体能力、知覚能力、認知能力を拡張するサイバネティック・アバターの開発および普及によって達成されると考えられています。

KEYWORD

ムーンショット …… 前人未踏で大変困難だが、実現できれば多大なインパクトをもたらし、革新を生む、スケールの大きい計画のこと。

Web3のキーワード

12

日本の暗号資産制度は世界に比べて遅れている？

スタートアップにはまず耐えられない税率

日本の現行法制では、法人が暗号資産を会計年度末に保有しているだけで原則として課税対象になってしまいます。たとえば、スタートアップが暗号資産のトークンを発行して資金を調達し、それを売却せずに保有していただけでも、期末時点で利益が生じたと判断され、法人税が課せられてしまうのです。

法人税の実効税率は約30％ですから、100億円分のトークンを発行して自社で保有していた場合、30億円も課税されます。ただし、2023年度の税制改正により発行法人の課税問題は解消される見通しです。

また、**日本では暗号資産を交換・媒介する業務を行いたい場合は、資金決済法にそって暗号資産交換業の登録を受けなければなりません**。この登録を受けるためにはさまざまな要件を充足しなければなりませんが、事業を適正・確実に遂行する体制が整備されているかどうか、という要件を満たすためには、非常に多くのチェック項目をクリアしなければなりません。その登録審査は非常にハードルが高く、また手続きも長期にわたるため、気軽に登録を得られるものではありません。

他方、暗号資産交換業者が義務付けられている資産保全のルールは諸外国と比べても充実しており、2022年に起きたFTX破綻（18ページ参照）の際には、FTXジャパンが日本国内の顧客資産を保全していたことが、世界から注目を集めました。今後、各国の規制が日本に近づく可能性があります。

POINT

ライセンスを受けるためのハードルはとても高い

お答えしましょう！

税率や法律の規制は厳しいですが、世界との差は埋まりつつあります。

■ 暗号資産を保有しているだけで課税対象に!?

現在の日本の税制では、法人が暗号資産を保有しているだけで原則として期末時点で時価評価され課税されてしまいます。

■ 暗号資産交換業のライセンス取得はハードルが高い？

KEYWORD

暗号資産交換業者……資金決済法によって定義される暗号資産の売買、交換、媒介などを行う業者のこと。登録制。

Web3の
キーワード
13

Web3に対して日本政府は今後、どんな政策に取り組むの？

POINT

法規制上の問題をいかにクリアするかがカギとなる

お答えしましょう!

NFT取引が賭博罪に該当するか、高額な所得税の見直しをすべきかなどの検討が求められています。

■NFTホワイトペーパーの提言、その1

NFT取引が賭博罪に当たるかどうかの問題

NFTトレカのランダム型販売と高額転売が賭博罪に当たるなら、手を出さないほうがいいかな……。

提言／事業者がNFTサービスを新たに展開する際に、関係省庁から賭博罪の成否について事前に見解を求めることができる仕組みを整えるべき！

他人の作品を無断でNFT化する問題

他人の作品だけど、NFTにして販売しちゃおうっと。
NFT化

提言／既存のウェブサービスにおける著作権侵害事案と同様の対応を進めつつ、今後必要に応じてさらなる制度改正や運用改善に向けた施策を講じる！

自由民主党による NFTホワイトペーパー

Web3時代のデジタル経済圏を確立・拡大していくために、日本政府は具体的にどのような政策に取り組もうとしているのでしょうか。

ここでは、自由民主党デジタル社会推進本部が設置したNFT政策検討プロジェクトチーム（PT）による**「NFTホワイトペーパー（案）」**の内容を紹介したいと思います。

同ペーパーでは、NFTやメタバースが普及していく上で障

■NFTホワイトペーパーの提言、その2

利用者に対する所得課税の問題

最大税率
55%
暗号資産取引の損益に最高55%の税率は高すぎる……。

提言／株式取引の損益に対するのと同じ20%の税率にするかどうかについて、暗号資産の位置づけと課税の公平性を踏まえつつ検討する！

壁になり得る24の問題を挙げ、それに対する提言を掲載しています。

山積みの問題にいかに対処するか

NFTやメタバースが普及していく上で生じ得る問題としては、たとえば、**NFTのランダム販売・高額転売が賭博罪に該当するか明確でないため事業参入の障壁になっている**ことやNFTに付帯する権利や地位が明確ではないためにトラブルが頻発する恐れがあることがあります。また、暗号資産取引の損益に最大55%もの所得税及び住民税が課税されるため、取引が活発になりにくいことなども挙げられます。

NFT政策検討PTは全部で24もの提言を示しましたが、その後、同PTは「web3PT」に名称変更され、2022年12月にはさらに「中間とりまとめ」として複数の提言が発表されました。政権与党による政策提言の影響力は大きく、今後も注目です。

KEYWORD

web3PT……自民党が設置した、Web3に関する政策提言を行うためのプロジェクトチーム。

中央集権型アイデンティティ……110ページ
政府や企業などの中央管理者が発行・管理する、従来の身元証明方式における I D。中央管理者が I Dを管理しており、個人にはその I Dに対する主権がなかった。

オープンソース……112ページ
プログラムやソフトウェアのソースコードが公開されていること。誰もが自由に閲覧、利用できる。対義語はクローズドソース。Web3の主要技術のほとんどはオープンソースである。

ソースコード……112ページ
プログラミング言語を用いて書かれたプログラムやソフトウェアの設計図。ソースとも。

レンディング……114ページ
貸し付けること。イーサリアムなどの暗号資産の貸付（融資）を仲介する業務を行うプラットフォームを「レンディングプラットフォーム」と呼ぶ。

クリプト……116ページ
クリプト（Crypto）は英語で「暗号学・暗号の」を意味する言葉。Web3分野では、「暗号資産の」を指す接頭辞として用いられることも多い。例：クリプトエコノミー。

カタランDAO《ダオ》……122ページ
スペイン・カタルーニャ州を拠点とする、デジタル国家実現を目指すDAO。独立運動のさかんなカタルーニャにおいては、かねてから国家をデジタル空間に構築する試みが行われていた。

ビットネーション……122ページ
イーサリアムのスマートコントラクト技術を用いた認証プラットフォーム。国民に不可欠な法的・行政的手続きを、国家に代わり電子的に行うことを目指している。

オンチェーン……124ページ
ブロックチェーン上にデータが置かれている状態。NFTがブロックチェーン上に発行されオンチェーンの状態になれば、その取引などをブロックチェーン上で行うことが可能になる。反義語はオフチェーン。

glTF《ジーエルティーエフ》2・0……129ページ
3Dモデルの標準フォーマット。2017年3月、Microsoftが自社製品に採用することを発表した。glTFはオープンで誰もが利用でき、プラットフォームに依存しない形式を持つ。

VRoid Studio《ブイロイドスタジオ》……129ページ
3Dキャラクター制作ソフトウェア。日本のピクシブ株式会社が開発・販売している。人型3Dキャラクターを簡単に作成することが可能。

サイバネティック・アバター（CA）……130ページ
人間の身代わりとしてのロボット、またはアバター。遠隔操作で自分の身代わりのように操作したり、3D映像を現実空間に投影したりすることができる。

第 6 章

Web3、NFT、メタバースで世界はどうなる?

ここまで「Web3」「NFT」「メタバース」についてさまざまな角度から解説してきましたが、Web3時代の世界は具体的にどう変わるのでしょうか。本章では、今後数年のうちに起こり得る社会の変化について、柔軟な視点で見ていきます。

Web3
新世界
1

ビジネスはプロジェクトベースになる？

従来の企業設立の何倍も手軽になる？

これまでのビジネスにおける個人の働き方は「組織ベース」でした。個人は組織に所属し、組織の指示を受けて働き、組織からさまざまな制約を受けていました。ところが、120ページで紹介した**DAO《ダオ》（分散型自律組織）が普及すれば、個人の働き方は次第に「プロジェクトベース」に変わっていきます。**

プロジェクトベースで働くとはどういうことかというと、たとえば、誰かがプロジェクトを立ち上げたら、そのプロジェクトを成功させるために働きたいと思った人が、そのDAOに加わって自分のスキルを発揮し、プロジェクトが完了したらプロジェクトごと解散するということです。また、個人はDAOと雇用契約を結ぶわけではなく、独自トークンのホルダーになるだけなので、複数のDAOで同時進行的に働くことも可能です。**本業と副業という区別すらなくなる可能性があります。**

また、ブロックチェーン上には、さまざまな業務に必要なインフラやアプリが開発されていくため、DAOはそういったインフラやアプリをパズルのピースのように集めていけばいいだけで、設備投資にお金をかけたり、士業を頼ったり、従業員を恒久的に雇ったりする必要がなくなるかもしれません。

しかし、現在の日本では、トークンの発行・流通には暗号資産交換業についての規制があるため、ブロックチェーンを利用しない形態や、暗号資産に該当しないNFTを利用する形態とするなどの工夫が必要です。

POINT

本業と副業の区別すらなくなる可能性がある

お答えしましょう！

個人は自分の働きたいプロジェクトだけに複数参加できるなど、組織にとらわれず自由に働けるようになるかもしれません。

■ DAOは設立にかかる手間が圧倒的に少ない

独自トークンの発行（5分）、コミュニケーションツールの立ち上げ（10分）
設立完了！
このDAOで働きたいです！
自分にできることで貢献したいです！

DAOなら設立手続きが手軽にできます。雇用契約を結ぶ代わりに独自トークンを発行し、チームの意思疎通のためのツール（アプリなど）を確保すれば、それでOKです。

■ DAOで働くとはどういうことか？

DAOで働くことは映画制作に似ている

掛け持ちですが、デザインを担当したいです。
こういうプロジェクトを立ち上げます！
じゃあ、企画立案を私にやらせてください。
制作・進行管理をやりたいです。
広報は私がやりたいです。

DAOで働くということは、さながら映画制作の現場のように、スキルを持ち、志を同じくする人びとが、プロジェクトごとに集まって仕事をするイメージです。

報酬支払いシステム
会計アプリ
DAOに必要な業務が実行できるアプリを集めよう。
ディスカッションアプリ
投票システム

ビジネスはピースを組み合わせることで行われる

DAOでは、全ての職域を自分たちでカバーする必要はありません。運営に必要なインフラ、アプリケーションをパズルのピースを組み合わせるように集めていけばいいのです。

お答えしましょう！

株式会社に取って代わる可能性はありますが、克服すべき課題があるのも事実です。

■ DAOのメリット

資本家と労働者の経済格差が縮まる

ブロックチェーンだから保有比率が丸見えなんだよね。
あの人だけトークン保有比率がずば抜けて高い、不公平だ！
彼の保有比率を下げないなら、このDAOで働くのやめるよ。

DAOはブロックチェーン上に存在しており、あらゆる情報が公開されていますから、トークン保有比率に著しい偏りがあった場合、構造的不平等を正す自浄作用が働く可能性があります。

従来の組織は指示型組織

本書でたびたび言及しているＤＡＯ（分散型自律組織）は、今後、**株式会社に取って代わるかもしれない**と言われています。

従来の会社組織は、指示型組織と呼ばれ、株主、経営者、正社員、派遣社員、アルバイトなどの「階層」が存在しており、指示は上から下にトップダウンで下りていく構造でした。また、報酬は株式の保有比率や、取締役であるかどうかなどによって決まるので、資本家と労

POINT

全員の投票で議決されるため、意思決定が遅れる恐れも

■ DAOのデメリット

意思決定が遅くなる恐れがある

DAOでは、トップダウン型の指示が行われず、基本的に全ての議題が参加者の投票で決められることになります。そのため、意思決定が遅くなってしまうことがたびたび起きることが予想されます。

働者の間に歴然たる経済格差が存在していました。

報酬はトークンの保有比率で決まる

ところが、**DAOでは株主や経営者、従業員などの「階層」や給料すらもなくなります。**全てのDAOの参加者が、立場上は平等であり、議決は全メンバーによる投票で決まります。そして、決定権の大きさや報酬はトークンの保有比率によって自動的に決まるのです。また、DAOに参加はしているけれども、仕事はせずにトークンを持っているだけという人でも、エアドロップ（下記参照）などで報酬を受け取れるかもしれません。

そのため、**DAOでは、人びとは会社という組織に縛られずに、「自分がやりたいと思える仕事」だけをするようになります。**参加する意味がなくなったら他のDAOに移ったり、あるいは最初から複数のDAOを掛け持ちしたりして、自分のできることで貢献していくのです。

KEYWORD

エアドロップ……トークンを無料で配布するイベントのこと。広報目的で行われることもある。

Web3
新世界
3

「共感型」のコミュニティが発達する？

POINT
承認欲求型と共感型が共存する状態になる？

より個性と自由が尊重される時代に？

Web2・0までの時代は、SNSを中心とした「承認欲求型」のコミュニティが発展してきました。承認欲求型とは、人びとがSNSで、不特定多数からの「いいね！」をもらうことを前提とした行動を取るようになるコミュニティのことです。

他の人からのいいね！をもらうことが原動力になるので、有益な情報を自ら発信しようという風潮が生まれ、参加者の増加によりさらにその傾向が増強された結果、大きな発展をみせました。しかし、承認欲求を満たすための自己顕示に疲れてしまう、いわゆる「SNS疲れ」の状態になってしまう人や、1つの居場所に固執して逆に生きにくさを感じる人もいました。

Web3の時代になると、SNSをはじめとするコミュニティのあり方にも変化が訪れるはずです。**Web3のキーワードは「分散」「非中央集権」**ですから、コミュニティもそのような方向に発展していくことが考えられます。

たとえば、承認を得るのではなく、自分の夢や興味のあることを発信して、それに「共感」してくれる人たちが集まってきて、彼らと対等な立場でつながり、協力し合うようなコミュニティです。

また、DAOのように、**1つの居場所に固執せずに、複数のコミュニティに所属することも当たり前になると考えられています**。より一人ひとりの個性と自由、生きやすさを尊重したコミュニティが生まれるかもしれません。

お答えしましょう！

他人から認められたい承認欲求型とは異なった、共感型のコミュニティが生まれると考えられています。

■ コミュニティのあり方が変わる？

Web2.0までは承認欲求型

Web2.0までのコミュニティは、SNSなどが発達し、より多くの「いいね！」を求める承認欲求型の様相を呈していました。

Web3は共感型

承認欲求を満たすだけでなく、自分が興味のあることや、実現したい夢などを、多くの人と共有する共感型になっていくのではないかと言われています。

■ 所属するコミュニティは1つじゃなくていい

Web2.0までのコミュニティ

Web2.0までは、いったん炎上したり、興味を失ったりしても、承認されることが目的化していたために、なかなか離れることができませんでした。

Web3時代のコミュニティ

Web3では、複数のコミュニティに属し、嫌になったり、飽きたりしたら別のコミュニティに移るのが容易になると考えられています。

Web3は「個人の時代」を加速させる？

お答えしましょう！

プラットフォーム依存から脱却し、個人がマネタイズしやすくなるでしょう。

■ クリエイターのマネタイズはどう変わる？

従来のクリエイターのマネタイズ

プラットフォーム
手数料
クリエイター

たとえばYouTuberは、YouTubeというプラットフォームを通じて動画を公開した場合、手数料が引かれた状態で報酬を受け取っていました。

Web3時代のクリエイターのマネタイズ

プラットフォームを通さず個人でアートを売ろう！
企業のバックアップがなくても自由に作品を発表できる！

クリエイターたちは、プラットフォームや企業の力を借りずとも、個人で自分たちの作品を発表してマネタイズができるようになります。

プラットフォームに依存していたWeb2.0時代

クリエイターが自身の創作物によって収入を得ることで形成される経済圏を「クリエイターエコノミー」と呼びます。**Web3は、このクリエイターエコノミーに変革をもたらす可能性を秘めています。**

Web2・0までは、ほとんどのクリエイターたちは自身の創作活動を発表しマネタイズするのに企業やプラットフォームの力を借り、手数料を支払わなければなりませんでした。

POINT

企業の力を借りなくても自分の作品で収益化が可能に

■ ファンの立場はどうなる?

Web3のファンの立場

DAOなら、ファンにも利益が還元されるかも!
DAO

Web2.0までは、ファンたちはプラットフォームを介して投げ銭をしたり、グッズを買ったりして応援することしかできませんでした。しかし、Web3になってDAOやNFTが普及することで、ファンもトークンを保有すれば直接の支援者となることができ、トークンの値上がりなどを通じて利益も得られるかもしれません。

しかし、Web3になってDAOやNFTが普及していけば、クリエイターが企業やプラットフォームの力を借りずとも、自身の創作物を発表して収入を得る方法が増えていきます。

クリエイターの利益がファンにも還元される

さらに、Web3では、DAOやNFTによって、ファンもクリエイターのコミュニティにトークンを保有することで属することが可能になります。もしクリエイターが人気になれば、トークンの値上がりにより利益を得られるかもしれません。

つまり、初期からクリエイターを支えていたファンも、クリエイターの成功による果実を得られるようになるのです。

Web3からは、クリエイターエコノミーがますます非中央集権化することで、「個人」が企業やプラットフォームに依存せず、**自分のやりたいことでマネタイズできるような時代になる**と考えられます。

KEYWORD
クリエイターエコノミー……プロ・アマ問わずクリエイターが自身の創作物によって収入を得ることで形成される経済圏。

Web3で多様性のある社会になる？

POINT
さまざまなものから解放され、多様な生き方が可能になる

VRChatでは仮想空間で他者と交流できる

VRChat《ブイアールチャット》というソーシャルVRプラットフォームをご存じでしょうか。**VRChatでは、現実の自分とは似ても似つかない外見、身体、性格を持った別の人間として振る舞うことができます**。また、現実とはまったく異なる交友関係を築くこともできるのです。

このVRChatのように、**メタバースは私たちをさまざまなものから解放してくれる可能性を持っています**。まずは、外見と身体です。Web3時代には、私たちは1つの外見に縛られて生きる必要がなくなります。メタバースによっていくつもの外見を使い分けたり、自分の理想の外見をメタバースで実現したりすることもできます。現実のあなたの身体がどんな状態であろうとも、メタバースの中ではあなたの理想とする状態でいることができるかもしれません。

それだけではありません。Web3では、私たちは1つのコミュニティに所属し続ける必要がありませんから、社会から求められる1つの性格に縛られる必要もなくなります。自分の中のさまざまな性格をコミュニティごとに使い分けてもいいのです。

そして、クリプトエコノミー（116ページ参照）の出現により、1つの収入源、1つの経済圏に縛られる必要もなくなります。つまり、フィアットエコノミー（116ページ参照）ではAで稼ぎ、クリプトエコノミーではBで稼ごうといった具合に、収入源が複数になるだけでなく、より多様になるのです。

お答えしましょう!

私たちはさまざまなものから解放され、1つの外見、身体、性格、経済圏から自由になります。

■ Web3が実現する多様性の社会とは?

自分の外見や身体から解放される

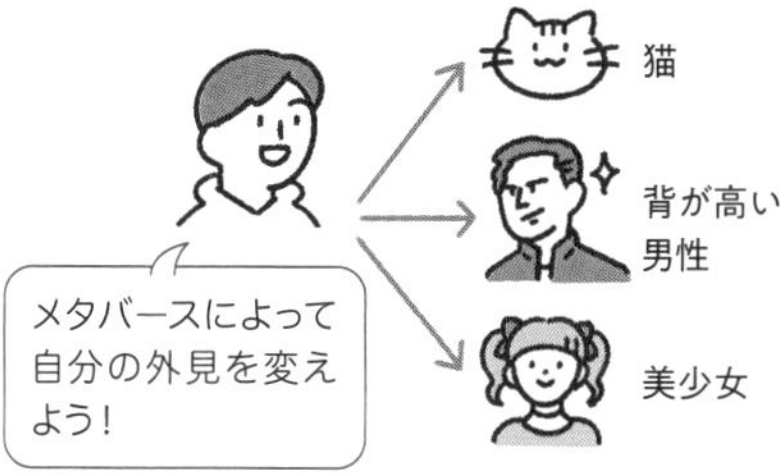

メタバースによって自分の外見を変えよう!
猫
背が高い男性
美少女

もう二度と自分の足で歩けないと思っていたけど……。

どんな身体的なハンディキャップがある人でも、メタバースの中では制約を受けずに身体を動かすことができるのです。

1つの経済圏から解放される

Web3では、1つの経済圏に縛られる必要もなくなります。 本業と副業という区別すらない、より自由な経済活動を行えるようになるはずです。

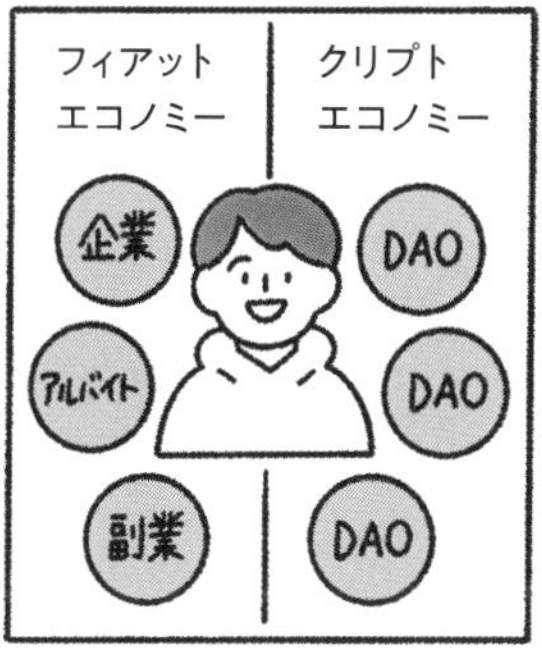

フィアットエコノミー
クリプトエコノミー
企業
アルバイト
副業
DAO
DAO
DAO

KEYWORD

VRChat …… VRゴーグルを使ってアクセスし、アバターを操作して他の人と交流するVRプラットフォーム。

個人が「所有の主体」を取り戻す？

お答えしましょう！

私たちは初めてデジタルデータを「所有」する主体となれる可能性があります。

■Web2.0まではデジタルデータを所有できていなかった

物理的な帳簿は所有できた

実際の帳簿ならどこにでも持ち運ぶことができるし、はっきり自分のものだと言えるね。

物理的な帳簿は持ち運ぶことができますし、「自分のもの」だと主張できます。

電子帳簿は所有できなかった

会計ソフト
電子帳簿
電子帳簿は、それを作成した会計ソフトと紐付けられているから、ライセンスが切れたら意味がなくなる……。

電子帳簿は会計ソフトのライセンスを保持していなければ、編集することができません。 つまり、「自分のもの」とは言いがたい状態だったのです。

デジタルデータは所有の問題を抱えていた

現実の世界で、物理的なモノを「所有」できるのは、当然のことです。ところが、デジタルデータに関しては、そうではありませんでした。

上図で示すように、電子帳簿は特定の会計ソフトと紐付けられており、その会計ソフトのライセンスを保持している限りは、意味のあるものとなっていますが、ライセンスが切れてしまうと同じような形では閲覧も編集もできなくなります。

POINT

コンポーザビリティがプラットフォーム依存脱却のカギ

■ Web3になると私たちが所有の主体を取り戻す！

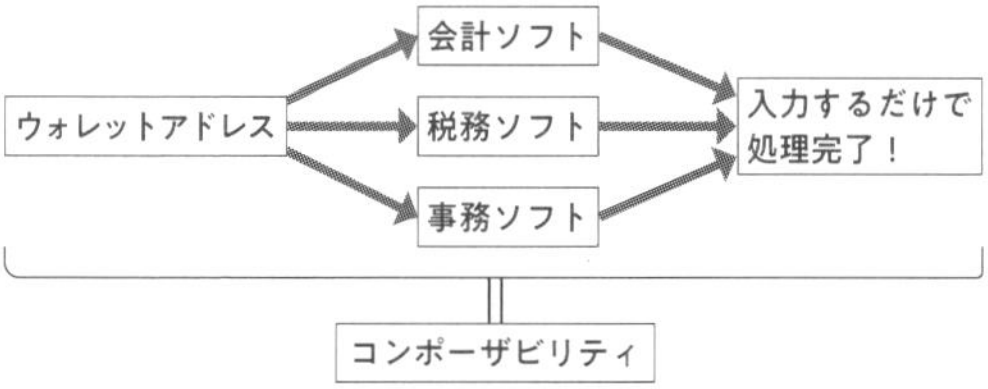

ウォレットアドレス
会計ソフト
税務ソフト
事務ソフト
入力するだけで処理完了！
コンポーザビリティ

自分が必要とするサービスにウォレットアドレスを入力するだけで、決算も税務も一瞬で終わる！

全てのデータがブロックチェーン上に存在するようになれば、特定のプラットフォームを介さずとも、自分が必要なアプリやサイトにウォレットアドレスを入力するだけで、必要な事務処理が一瞬で終わります。

つまり、**デジタルデータに関しては、プラットフォームが主導権を握り、私たちが自由にすることはできませんでした。**

ブロックチェーンでユーザーが所有の主体に

しかし、Web3になってデジタルデータがブロックチェーン上に保管されるようになると、事情が変わってきます。

たとえば、会計、税務、事務などの処理が必要ならば、自分の取引履歴が入っているウォレットアドレスを、自分が必要なサイトやアプリに入力する（コンポーザビリティ）だけで一瞬にして作業が終わります。その際、サイトやアプリはブロックチェーン上のデータを参照しているだけですので、データを譲り渡しているわけではありません。

このように、**Web3になれば、本当の意味で私たちはデータ所有の主体になることができる**かもしれないのです。

KEYWORD

コンポーザビリティ……複数の要素や部品などを自分の必要に応じて組み合わせられること。Web3時代を象徴するキーワードの1つ。

Web3
新世界
7

「参加型教育」が普及し仕事と学びが一体化する？

POINT
学歴を超えた部分の経歴が重視される可能性がある

Web3時代の教育は参加型になっていく

学びや教育はどのように変わっていくのでしょうか。まず予想される変化は、**学歴偏重主義への影響**です。ブロックチェーンが普及すれば、私たちの経歴は改ざんがほぼ不可能なブロックチェーンに記録され、自分の裁量で必要な範囲を公開できるようになると考えられます。そして、「○○大学を卒業した」という、単なる学歴以上の情報を記録することが可能になるはずです。

たとえば、○○大学で学んだことをどう活かしてきたか、どんなコミュニティでどう貢献してきたか、趣味の世界でどんなことをしてきたかなど、その人の本当の強み、才能といったものが経歴に盛り込まれていくことになります。そうなれば、自然と学歴の持っている重みが相対的に軽くなっていき、その人が持っている強みや才能のほうが重んじられるようになっていくかもしれません。

そのような状況になると、学びや教育も「学歴以外の部分」を重視したものに様変わりしていくはずです。学歴以外の部分とは、その人が「何をしてどう貢献したか」という部分です。

左図のように、Web1・0から2・0にかけて学びは大きな変化を遂げてきました。それがWeb3に入り、**DAOが浸透していくことで、私たちの学びはそれぞれが興味のあることを実践し、他者との関わりの中で目標を実現していく「参加型」へと変化します**。つまり、その学びがイコール仕事になっていく可能性があるのです。

お答えしましょう！

Web3の技術によって、他者と関わりながら学ぶ教育が実現するかもしれません。

■ Web3で学歴偏重主義は終わる?

ブロックチェーンで経歴はこう変わる

ブロックチェーン
経歴書
過去の履歴が消去・変更不可能なブロックチェーンが履歴書の代わりになるかもしれません。

ブロックチェーン上なら変更、改ざんができませんし、どの大学を出たかということ以上の情報を書き込むこともできます。

学歴が重要じゃなくなる?

どの大学を出たかということを示す学歴の価値が相対的に下がるかも?
学歴
才能

ブロックチェーンにどの学校を卒業したかだけでなく、さまざまな経歴情報が記録されるようになると、学歴の持つ重みがどんどん軽くなっていく可能性があります。

■ Web3で学びはどう変わるのか?

Web1.0の学び改革

図書館に行かなくてもネットでいろんなことが調べられる!

図書館に行かなくても、ネットさえあればどこでもいろいろな資料や文献、情報を「読む」ことができるようになりました。

Web2.0の学び改革

学んだことや考えたことを自分のSNSやブログで発信しよう!

自分の考えや学んだことをネット上に「書く」ことができるようになりました。学びが発信型へと変わったのです。

Web3の学び改革

学んだことをこういうプロジェクトとして実践したい!
僕もあなたの考えに賛同します!
一緒にやってみましょう!

Web3は、DAOの普及によって、学びに「参加する」という新たな要素を付加するのではないかと考えられています。また、それによって学びと仕事が一体化する可能性があります。

NFTでファンコミュニティの形が変わる？

お答えしましょう！

純粋なファンだけがコミュニティに残るようになる可能性があります。

■ ファンコミュニティがD to Fになる？

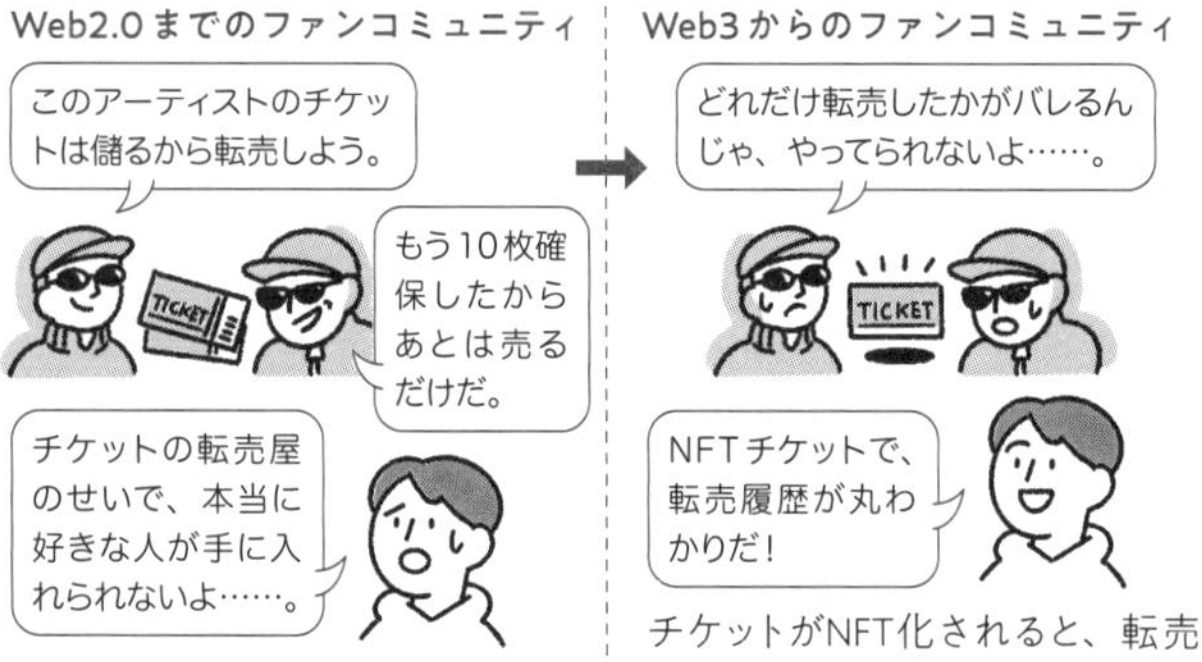
Web2.0までのファンコミュニティ
このアーティストのチケットは儲るから転売しよう。
TICKET
もう10枚確保したからあとは売るだけだ。
チケットの転売屋のせいで、本当に好きな人が手に入れられないよ……。
Web3からのファンコミュニティ
どれだけ転売したかがバレるんじゃ、やってられないよ……。
TICKET
NFTチケットで、転売履歴が丸わかりだ！

Web2.0までは、アーティストのチケットは、どれだけ転売してもそのことが記録に残らないため、なかなか取り締まるのが難しい状況でした。

チケットがNFT化されると、転売回数が多い「怪しいファン」が丸わかりになります。そうなれば、結果的にファンコミュニティは純粋にそのアーティストが好きな人だけが残るようになる可能性があります。

POINT
チケットがNFT化されることで転売屋が排除される？

転売屋に悩まされていた従来のファンコミュニティ

ファンコミュニティとは、アーティストや芸能人などのファンが形成するコミュニティのことです。

Web2・0までのファンコミュニティは、メンバーにファンではない人が流入してくるという問題を抱えていました。端的に言えば、転売屋の存在です。人気のアーティストのチケットは高騰することが多く、また転売をしたとしてもその履歴が残らず、また公開もされな

■NFTは純粋に好きだから買うほうがいい

このアーティストが好きだから買いたい！

自分の買ったアートの価値が上がったから嬉しいのではなく、自分が応援しているアーティストが評価されたから嬉しいという感覚を持った人たちが増えれば、NFTも恒久的な価値を持つかもしれません。

彼を応援したいからNFTを買うよ！

いため、常習的にチケットの転売をする人びとがファンコミュニティの中に入ってきていました。

アーティストとファンが直接つながる時代に

しかし、「チケットのNFT化」が実現すれば、そういった問題が徐々に解消されていくかもしれません。チケットがNFT化されれば、購入履歴も転売履歴も明らかになりますから、純粋なファン以外の人がチケットを買おうとしなくなる可能性があります。

　また、チケットがNFT化され、単なるシリアルナンバーを超えた唯一性のある要素を付与できれば、ファンにとってはそれが何物にも代えがたい思い出の品になるのです。

　そして、アーティストが**DAOを利用するようになれば、アーティストとファンが他に何の会社も介さない、DtoF（ダイクレト・トゥ・ファン）の状態になる**かもしれません。

KEYWORD

DtoF……オンラインサロンなど、アーティストとファンがダイレクトにつながり交流することができる状態。

お金に換算できないトークンに価値が出る？

POINT
換金可能なトークンだけだと利益至上主義になってしまう

コミュニティの貢献度や団結度を上げるツールに

トークンと聞くと、ほとんどの方はビットコインのような暗号資産や、NFTのようなお金に換算できるトークンのことを思い浮かべることと思います。

しかし、**お金に換算することができないトークンである、ソーシャルトークン**を発行することもできます。

そんなトークンに何の意味があるの？　と思うかもしれませんが、大きな意味があります。

お金に換算できないトークンとは、言い方を変えれば、お金に換算できないからこそ価値を持つトークン、お金で買うことができないトークンです。

たとえば、あるDAOのメンバーたちに、貢献度に応じてソーシャルトークンを発行し、そのトークンとしか交換できない特典、たとえばイベントの参加権などを用意したとします。するとそのDAOならではの付加価値がついて、結果的にはコミュニティ全体の価値が上がることになります。

また、お金に換算できないトークンに価値を見出す人びとが増えたとします。すると、DAOから経済的利益を目的とした人びとは去っていき、そのDAOの理念や信条、目標に心から賛同してくれる人たちだけが集まってくるようになるでしょう。このように**経済的なもの以外のインセンティブを中心としたほうが、DAOがいっそう発展する**かもしれません。

つまり、お金に換算できないトークンこそが、Web3の構造を安定させるのに一役買ってくれるといえるでしょう。

お答えしましょう！

お金に換算できないトークンは、お金で買えないからこそ、人びとの心に訴えかけるトークンになるのです。

■ ソーシャルトークンとは？

このDAOに対する皆さんの貢献度に対して、ソーシャルトークンを発行します！
貢献した甲斐があった、ありがとう！
DAO
DAOの中だけだけど、いろいろなことに使えるんだね！

ソーシャルトークンとは、主にDAO（分散型自律組織）に所属しているメンバーが、その貢献度に応じて配布してもらえるトークンの総称です。

■ お金に換算できないソーシャルトークンの意義とは？

トークンを発行しているコミュニティの価値が上がる

どうぞ。お入りください。
私のソーシャルトークンはこれです。

そのトークンを持っている人にしか参加できないイベント、もらえない特典などを用意することで、コミュニティ全体の価値を上げることができます。

コミュニティへの貢献度が上がる

DAO
このコミュニティだけのイベントに参加したいから、自分も貢献したい！
純粋にこのDAOに貢献したい！
自分もソーシャルトークンが欲しい！

お金に換算できないソーシャルトークンは、純粋にそのDAOに貢献したいと思う人を惹きつけるので、結果的にメンバーのDAOへの貢献度が上がるかもしれません。

NFTが大量生産・大量消費型の産業構造を変える?

お答えしましょう!

「唯一無二」のデジタルデータを作るブロックチェーンの技術が世界を変えるかもしれません。

■ なぜ大量生産・大量消費が当たり前だったか?

同じモノを大量に作って売るほうが効率的

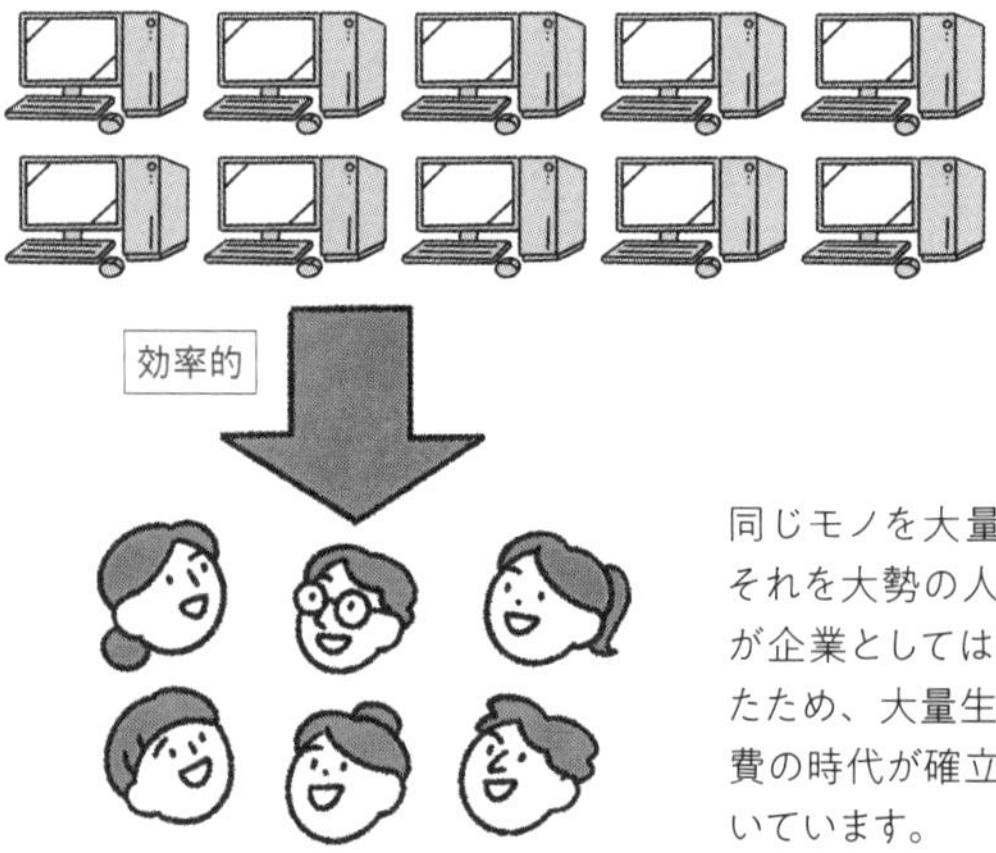

同じモノを大量に作って、それを大勢の人に売るほうが企業としては効率的だったため、大量生産・大量消費の時代が確立し、今も続いています。

当たり前だった大量生産・大量消費

これまでの社会では大量生産・大量消費が当たり前でした。なぜかというと、大量に同じモノを作って売るほうが、あらゆる面において効率的だったからです。そうした社会では、多くの人びとが皆と同じモノを所有する生き方を受け入れていました。また、「より多くのモノを持つ」とか「より高価なモノを持つ」ことで承認欲求を満たそうとしていました。

しかし、ブロックチェーンの

POINT

Web3では手軽にあなたらしさを表現できるようになる

■ Web3はいかにして大量生産・大量消費の時代を変えるか

デジタルデータの世界では、その人しか持っていないものを買う・売るという風潮が始まる兆しがあります。

ブロックチェーン
少なくともデジタルの世界では、唯一無二の価値あるものを作れるようにした！

登場によって、少なくともデジタルの世界では「唯一無二」で「改ざん不可能」なデータを簡単に作ることができるようになりました。これにより、私たちは、皆が同じモノを同じように所有するしかなかった状態から脱却し、**自分だけの気に入ったNFTを買って、それへの愛着を育んでいく風潮が生まれる**かもしれません。

ブロックチェーンの登場で見出される「あなたらしさ」

たとえば、Bored《ボアード》 Ape《エイプ》 Yacht《ヨット》 Club《クラブ》（下記参照）で、自分だけのPFP（Profile《プロフィール》 Picture《ピクチャー》。SNSのプロフィール画像にできる絵）を買えば、それは他に誰も持っていないものですから、大量に集めたり、より高価なモノを買ったりしなくても、十分「あなたらしさ」を表現できるようになります。

Web3は、**大量生産・大量消費という社会構造そのものを変えていく力を持っているかもしれない**のです。

KEYWORD
Bored《ボアード》 Ape《エイプ》 Yacht《ヨット》 Club《クラブ》……世界でもっとも人気のあるコレクティブルNFT。退屈そうなApe（類人猿）をモチーフにした絵が特徴（略称：BAYC、Bored Ape）。

Web3
新世界
11

NFTが地方創生の切り札になる？

POINT

NFTを購入した人がデジタル村民として貢献することも

NFTで財源と知恵とネットワークを得る

2004年、新潟県中越《ちゅうえつ》地震によって壊滅的損害を被った新潟県長岡市山古志《やまこし》地域（旧山古志村）は、世界中に愛好家を抱える錦鯉発祥の地として知られていますが、震災後は人口が約800人まで減少、高齢化率も55%を超過し、いわゆる「限界集落」となってしまいました。ひとたび限界集落となってしまうと、定住人口を増やそうとしても、容易に増やすことはできません。

2021年12月、そんな窮状を救うべく、山古志住民会議が中心となってNFTアート「Colored Carp《カラードカープ》」を発売。

これは、ただのアート作品ではなく、NFTホルダーが山古志の「デジタル村民」となり、同地域を再生するための活動に主体的に参加できるようになる「電子住民票」を兼ねたものでした。

発行元の山古志住民会議は、デジタル村民を1万人集めることを目標としており、現実の山古志がどのような状況であるかにかかわらず、NFTアート販売益を独自財源とし、また、1万人のデジタル村民がお互いに知恵を出し合い、ネットワークを活用し合うことで、サステナブル（持続可能）な新しい山古志を創り出したいとしています。

また、同会議はNFTホルダーを対象とした住宅の建設も検討しており、もし実現すれば、**デジタル村民がリアルの山古志を楽しむことができるようになる**かもしれません。今後の動向から目が離せない画期的な試みです。

お答えしましょう！

旧山古志村の「デジタル村民」の例を見れば、十分期待できる切り札になるといえるでしょう。

■ 地方創生のための新しいNFT活用法とは？

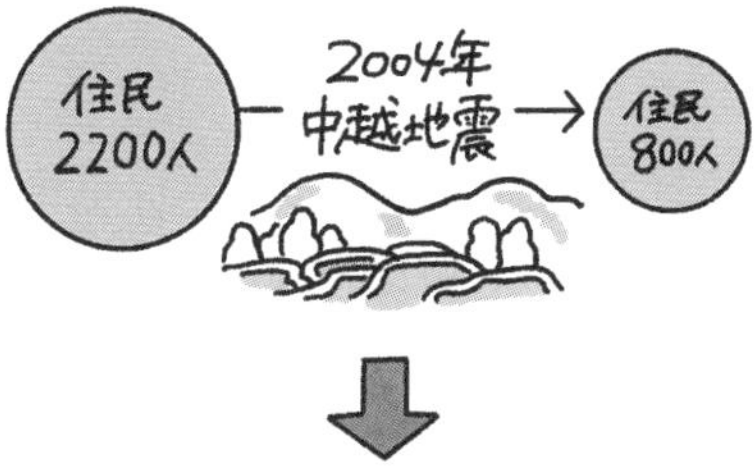
住民
2200人
2004年
中越地震
住民
800人

新潟県長岡市山古志地域（旧山古志村）は、2004年の中越地震によって一時的に全村避難を余儀なくされるほどの壊滅的な損害を被りました。

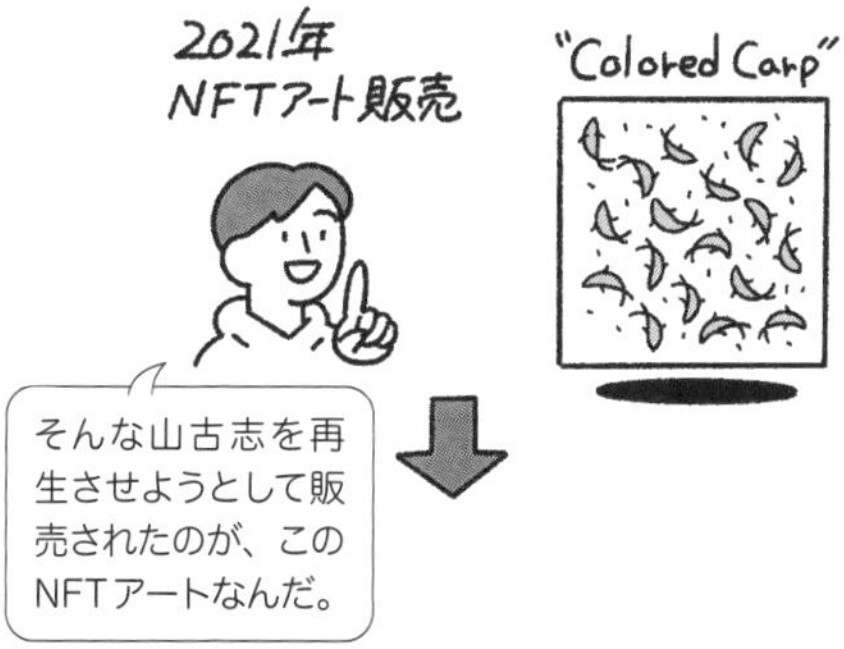
2021年
NFTアート販売
"Colored Carp"
そんな山古志を再生させようとして販売されたのが、このNFTアートなんだ。

2021年12月14日、地域活性化のため錦鯉をモチーフにしたNFTアート「Colored Carp《カラードカーブ》」を発売しました。これは、錦鯉をモチーフにした模様がランダムに生成されるアート作品で、イーサリアムで購入可能です。

Colored Carpとは？
リアル人口
800人
デジタル人口
10000人
山古志の未来のために皆で知恵を出し合いましょう！

「Colored Carp」は、単なるアート作品ではなく、山古志地域の「電子住民票」でもあります。アートを買った人は山古志の「デジタル村民」として、山古志の地域創生に主体的に関わることができるのです。

エアドロップ……141ページ
特定の条件を満たした人に無料のトークンを配布するイベントのこと。取引所や仮想通貨の発行元の企業などが行う。多くが新規プロジェクトの知名度向上などを理由に行われる。

承認欲求型……142ページ
人に自分のことを認めてもらいたいという欲求を原動力にしていること。Web2・0までのSNSは人びとの承認欲求を刺激する構造を持っていたと考えられている。

SNS疲れ……142ページ
SNSにおけるユーザー同士のコミュニケーション、とくに承認欲求を満たすためのコミュニケーションに精神的に疲弊してしまう現象。SNSの活動を休止、または停止する人もいる。

クリエイターエコノミー……144ページ
アーティストやクリエイターたちの創作活動、情報発信などによって形成される経済圏。SignalFire（シグナルファイア）社による2021年の調査では、クリエイターを自称する人は全世界で5000万人に上るという。

クリプトエコノミー……146ページ
暗号資産が流通し、それによって形成される経済圏。中央管理者を介在せずに個人同士が直接お金のやり取りを行う。トークンエコノミーとも。

フィアットエコノミー……146ページ
法定通貨が流通し、それによって形成される経済圏。中央管理者である国家、企業、銀行などを通して経済活動を行う。

コンポーザビリティ……149ページ
複数の要素や部品などを任意に組み合わせることが可能なこと。DApps（分散型アプリ）には、ユーザーの目標達成のため、自由に組み合わせることができるという特徴がある。

学歴偏重主義……150ページ
極端に学歴を重視する考え方または風潮。高い学歴を持つ人間の方が人材として優れているという考え方で、Web3時代には次第に廃れていくと考えられている。

DtoF……153ページ
Direct To Fan（ダイレクト・トゥ・ファン）の略称。DAOやNFTによってアーティストやクリエイターが自身のファンと企業などの仲介者を通さずに直接つながること。

ソーシャルトークン……154ページ
特定のコミュニティで発行される、そのコミュニティへの貢献度に応じて支払われるトークン。コミュニティのメンバーシップ（会員証）として機能するものもある。

PFP……157ページ
Profile Picture（プロフィールピクチャー）の略称。Twitter（ツイッター）やInstagram（インスタグラム）などのSNSで自身のプロフィール画像として使われる絵。とくにそのためにNFTアートとして創られたデジタルアートを指す。

第 7 章

Web3時代を勝ち抜くビジネスの知恵をください！

Web2.0時代にGAFAMがビジネスの覇権を握ったように、今後15年間で大きな成長が期待されるWeb3にも豊かな金脈が存在します。本章では、Web3時代にネクスト・ディズニーになるためのヒントを、さまざまな角度から紹介します。

Web3・メタバースで成長が期待できる分野は？

お答えしましょう！

小売・流通、製品・サービス開発、ヘルスケアなどの分野で急成長が見込めると予想されます。

■ Web3・メタバースで成長が期待できる分野①

小売・流通

自宅でもバーチャルで試着ができて便利！

自宅で精度の高い試着や、試用シミュレーションを行うことができれば、実店舗が必要なくなり、また返品率も下がるでしょう。

製品・サービス開発

ソフト開発について他の国の人の協力が欲しい！
私が協力しますよ！
うちの会社も興味あります！

国境を越えて優秀な人材が協力しやすくなり、製品の質が向上するだけでなく、開発方法にも大きな変革が起きるでしょう。

POINT
とくにメタバース分野に大規模な投資が行われ始めている

NTTドコモなど大手企業が続々と参入

KDDIとテレビ朝日ホールディングスが、メタバースプラットフォーム「cluster《クラスター》」に出資したことは99ページで紹介しました。

そのほか、ソフトバンクは韓国最大のインターネットサービス会社NAVER《ネイバー》の関連会社が展開するメタバースプラットフォーム「ZEPETO《ぜぺっと》」へ約170億円の出資を行いました。

また、NTTドコモもVRイ

■ Web3・メタバースで成長が期待できる分野②

ヘルスケア

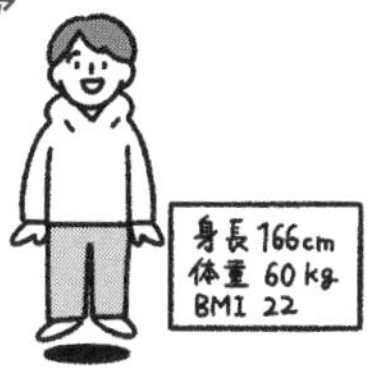
身長 166cm
体重 60kg
BMI 22

オンライン診療の精度が上がり、メタバース上で自分の健康状態のチェックとアドバイスを受けられるようになります。

業務改善

VRワークスペースによって、人はどこにいても会議に参加でき、共同作業ができるようになります。

どこにいても共同作業ができるのは便利だなぁ。

ベント「バーチャルマーケット」の運営元である「HIKKY《ヒッキー》」に出資するなど、**巨大資本のメタバース関連事業への参入の動きが日に日に加速しています。**

Web3が与える4つの分野への影響

これらはメタバース分野への投資の実例ですが、Emergen《エマージェン》 Research《リサーチ》が2022年5月に発表したレポートによれば、Web3分野の市場規模も815億米ドルを超える規模になることが予測されています。全世界の巨大資本が熱視線を向けています。

そして、仮に今後、巨大資本のWeb3・メタバース分野への投資が続くなら、上の図①、②で示したような**4つの分野で急激な成長が見込めると予想されています。**その結果として、**私たちの生活そのものにも画期的な変化が生まれるでしょう。**

今後の動向を考える上では、巨大資本の動きからも目が離せません。

KEYWORD

cluster …… 日本発のメタバースプラットフォーム。VR機器、スマートフォン、PCなどからアクセス可能。

Web3
ビジネス
2

Web3時代に勝つビジネスとは？

POINT
ブロックチェーンの特性を生かしたヒット商品とは?

ネクスト・ディズニーになれるのはどの企業か？

Ｗｅｂ3時代には、どんなビジネスや企業が成功を収めるのでしょうか。やはり、Ｗｅｂ3ならではのビジネスに注目が集まりそうです。Ｗｅｂ3と関係のない方向を向いてビジネスをしていると、時流に完全に乗り遅れてしまう可能性があります。

それでは、Ｗｅｂ3ならではのビジネス、商品とはどんなものなのでしょうか。左図に、ガラケー時代とスマホ時代を席巻した商品について記しましたが、どちらもガラケーならでは、スマホならではの特徴を生かした商品が大ヒットしています。

そのため、**Ｗｅｂ3でもブロックチェーンならではの「分散型」「非中央集権的」なビジネスが爆発的なヒットとなる可能性がある**と思います。

現在、ネクスト・ディズニーになるのではないか、Ｗｅｂ3時代の寵児になるのではないかと目されているものの１つが、１５７ページでも紹介したBored Ape Yacht Club《ボアードエイプヨットクラブ》です。ＢＡＹＣは、類人猿をモチーフにしたＰＦＰ（１５７ページ参照）がセレブの間で人気を博すなど、はじめはコレクティブルＮＦＴを販売しているだけでしたが、トークンの発行と上場を経て、ゲーム、イベント、メタバースなど幅広いジャンルに進出、ごく短期間のうちに急成長を遂げてきました。

こうしたプロジェクトは今後も登場する可能性があり、どのような発展を見せるのか要注目です。

お答えしましょう!

ブロックチェーン技術を利用した、「分散型」「非中央集権的」なビジネスです。

■ Web3時代に勝つビジネスとは?

過去の市場を席巻した商品は?

ガラケー時代に爆発的ヒットとなったのは、着うた®でした。ピークの2009年には年間1200億円規模の市場に成長していました。

スマホ時代に爆発的ヒットとなったのは、指一本だけで全ての操作ができるスマホゲームでした。ガラケーやPCゲームの焼き直しではなく、スマホでしかできないものがヒットしたのです。

↓

ブロックチェーンという技術を使わなければ実現できないもので、爆発的な需要がありそうなものとは？　皆さんも考えてみましょう。

■ ネクスト・ディズニーになれるビジネスは現れるか?

注目を集めるプロジェクト「BAYC」

コレクティブルNFT「Bored Ape Yacht Club」(略称：BAYC)は、PFP(プロフィール写真に使える画像)だけでなく、ゲーム、イベント、メタバース、仮想土地など、さまざまな分野に進出しています。

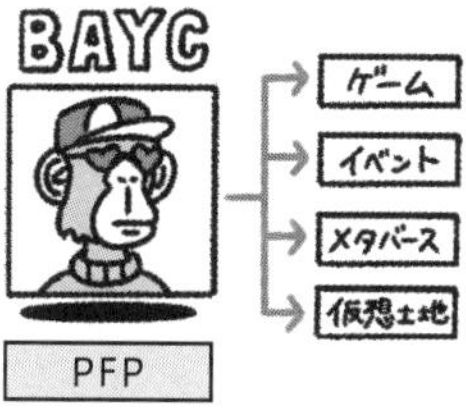

KEYWORD

ネクスト・ディズニー …… ディズニーのような巨大エンターテインメント企業に成長し得る次世代の事業のこと。

これからのNFTのキーワードはサステナビリティ?

お答えしましょう!

環境への負荷を軽減できなければ、全ての人の支持は得られないでしょう。

■ブロックチェーンはなぜ環境を破壊する?

マイニングの電気消費量は増加していく?

ブロック
チェーン
難易度が上がれば、電力消費量も上がっていくから、地球環境に対する負荷が大きくなるんだ。
取引記録を承認する作業
=
マイニング

ブロックチェーンは、個々の取引データを書き込み、それらをまとめて1つのブロックを作っては連結していかなければいけません。この取引記録の承認作業を「マイニング」と呼びます。

地球環境への負荷を理由に忌避する人も

Web3を支える根幹的な技術、ブロックチェーンですが、地球環境を破壊しているという理由で、暗号資産やNFTに否定的な見解を持っている人たちがいます。

なぜブロックチェーンが地球環境を破壊するかというと、その理由はマイニング（36ページ参照）にあります。

マイニングは、世界中のマイナーがコンピュータを使って膨大な計算作業を行う必要がある

POINT

電力消費量を低減させる仕組みへの移行が求められている

■ 環境問題に対してどんな対策が取られるのか？

DAOなどのコミュニティで打開策を検討

2022年時点で、環境問題を解決することを目的とした複数のプロジェクトDAOが存在しています。たとえば、再生エネルギー化を模索するコミュニティや、カーボンオフセット（削減することが困難な二酸化炭素の排出を他の取り組みで相殺すること）などを目的とするコミュニティです。

DAO
これからの時代はWeb3の環境問題を解決するDAOが出てくる！

ため、大量の電力を消費します。ビットコインをはじめとする暗号資産への注目により、近年、電力消費量は膨大なものとなっています。

PoSへの移行や今後の取り組みに期待

2021年には、テスラのCEOであるイーロン・マスクが「マイニングが環境に優しい再生可能エネルギーによって賄われるまでは、ビットコインを使ったテスラ車購入を停止する」と発表し、一時、暗号資産市場が大きく下落しました。

このような背景もあって、イーサリアムは、ブロックチェーンのアルゴリズム（計算法）を負荷の高いPoW（プルーフ・オブ・ワーク）から負荷の低いPoS（プルーフ・オブ・ステーク）に移行するアップデートを行いました。

多くのプロジェクトDAOでも環境負荷を下げるための取り組みが行われており、**いずれSDGsの問題は解決されるのではないか**と期待されています。

> **KEYWORD**
> **マイニング**……ブロックチェーンの取引記録を承認する作業。

NFTでアーティストとファンの関係が新たな形に？

POINT
初期からファンだったことに経済的価値がつく可能性

NFTがファンにとってのさまざまな不便を解消

Web3は、クリエイターやアーティストとそのファンとの関係性も様変わりさせると考えられています。

これまで、クリエイターやアーティストとファンとの間には企業が介在していました。マネジメント業務の提供やコンテンツ流通の仕組みの提供など、アーティストにとっても利便性はありましたが、ファンと直接つながる仕組みを持つことは難しかったのです。しかし、Web3からはDAOやNFTを通して、両者が直接つながることができるようになります。

ファンが、アーティストを直接経済的に支援したり、マネジメント方針をDAOのメンバーの総意で決定したりするといったケースが出てくる可能性があります。そうなれば、個人は自分の才能を企業の介在なしに経済的価値に変えることができるようになります。まさに「個人の時代」が幕を開けようとしているのです。

また、ファンがクリエイターやアーティストの夢や目標に共感して経済的支援を行うことで形成される経済圏「ファンエコノミー」は、Web3においてはさらなる拡大が予想されています。

左図に示したように、DAOをファンコミュニティとして機能させれば、トークンによって「初期から応援してきた」ということに経済的価値を生むことができたり、NFTを使うことでファンにとって、さまざまな不便を解消できたりするでしょう。

お答えしましょう!

企業の介在なしにアーティストとファンが直接つながる形になり、「個人の時代」が幕を開けるでしょう。

■ Web3は個人の時代になる?

海外ツアーができるようになりたい!
クリエイター
支援
ファン

「ファンエコノミー」が誕生する

Web3からは、企業などの管理者を介さずに、アーティストやクリエイターがファンと直接つながり、経済的な支援を受けられるようになります。個人やグループの夢や目標、ビジョンに共感してくれるファンが形成する経済圏を「ファンエコノミー」と呼びます。

■ Web3のファンエコノミーがもたらす変化とは?

ファンであり続けることに経済的価値が生まれる

DAOがファンに対してトークンを発行することで、初期からファンだったということに経済的な価値が生まれる可能性があるのです。

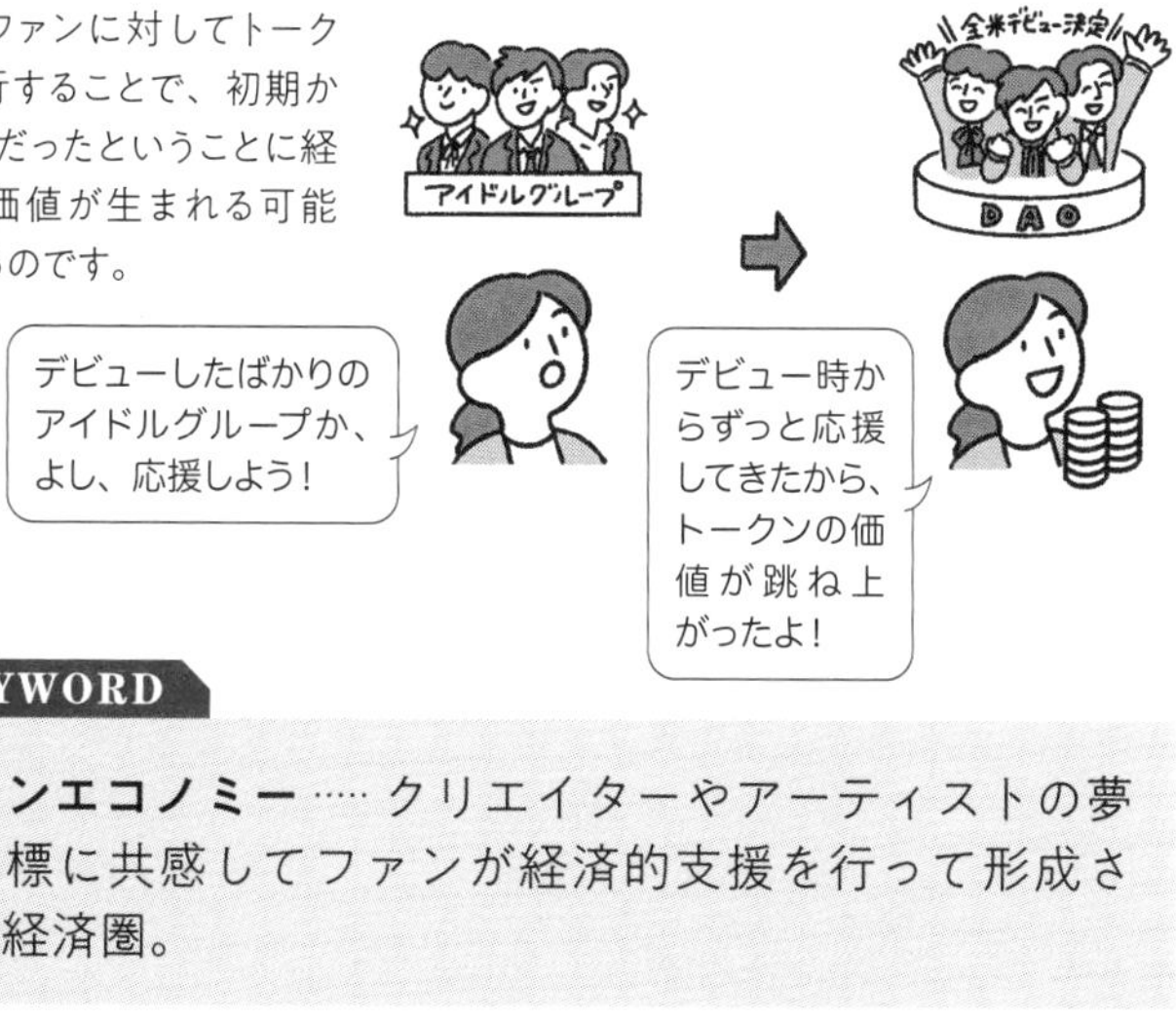

アイドルグループ
全米デビュー決定
DAO
デビューしたばかりのアイドルグループか、よし、応援しよう!
デビュー時からずっと応援してきたから、トークンの価値が跳ね上がったよ!

KEYWORD

ファンエコノミー……クリエイターやアーティストの夢や目標に共感してファンが経済的支援を行って形成される経済圏。

NFTはやがて「身分証明書」「真贋判断」となる？

お答えしましょう！

譲渡不可能なNFTを用いて身分証明、真贋証明などが可能になるでしょう。

■ Soulboundトークン（SBT）とは？

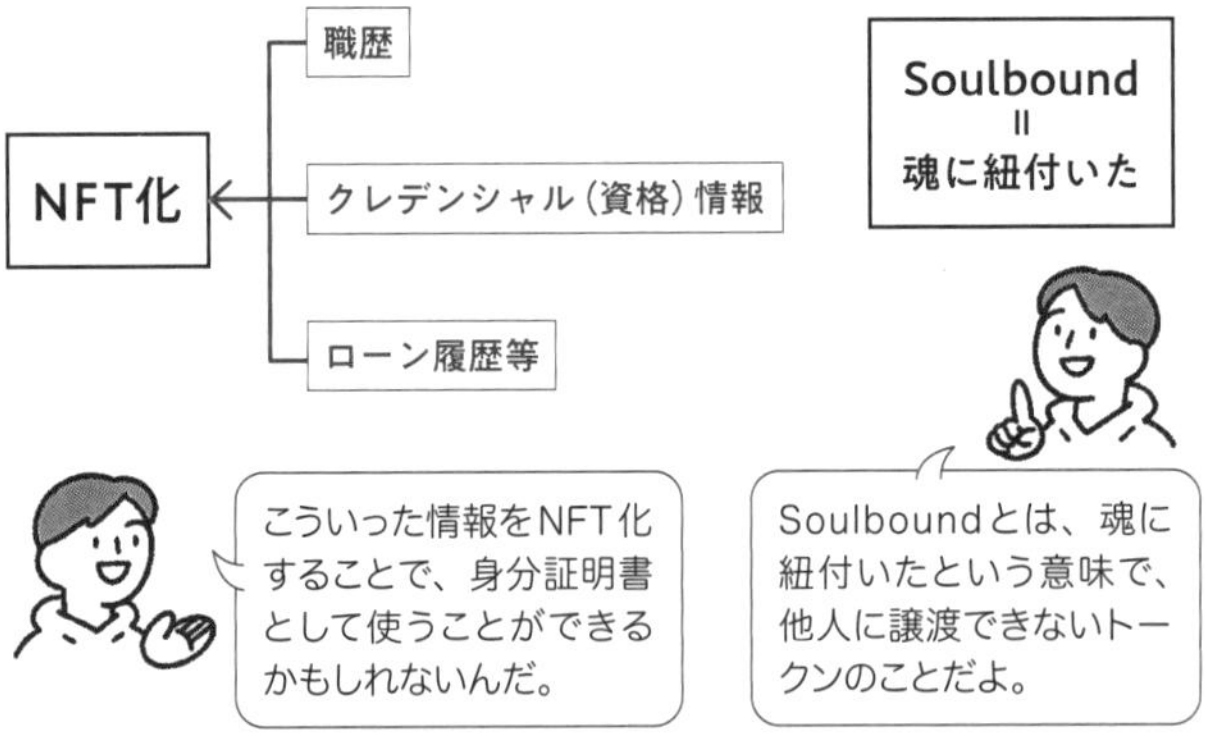

Soulbound《ソウルバウンド》トークンは、譲渡できないNFTとして発行され、受け取った本人以外は利用できないため、一般的なNFTのような流通価値はありません。

譲渡不可能なトークンを身分証明に活用する

最近話題になっているトークンに**「Soulbound《ソウルバウンド》トークン」**というものがあります。これは、直訳すると「魂に紐付いた」という意味で、**「他人に譲渡することができない」**という特徴を持っています。

譲渡することができないがゆえに、このトークンは私たち個人に紐付いている情報を証明するために利用できると考えられています。身分証明書は、そもそも他人に譲渡することができ

POINT

代替不可能、改ざんがほぼ不可能なNFTの特性を活かす

■ Soulboundトークンを動産の真贋判断に利用する

シリアルナンバー
購入日
修理履歴
こういった情報をNFT化して、モノに紐付けることで、流通管理、真贋証明などに用いる試みが始まっているよ。

モノと所有者を紐付ける情報をNFT化すれば、ほとんど改ざんは不可能なため、真贋の判断に利用する試みもすでに始まっています。

ませんし、譲渡してはいけないものですから、譲渡不可能なトークンを実現できるなら、それを身分証明書としても利用できるだろうというわけです。

NFTの特性を活かして真贋判断に利用

Soulboundトークンに記録する情報としては、私たちの職歴なども考えられます。**プロジェクトへの貢献度等を含めた経歴情報をNFT化して、他人に譲渡できないようにすることで、それを経歴証明として用いる**のです。さらに、過去のローン履歴などの与信情報などもSoulboundトークンに記録できれば、私たちの与信判断にNFTが使われる日もそう遠くないかもしれません。

また、これと同じ原理でモノと「購入日」「所有者」「修理履歴」などの情報を紐付けることで真贋《しんがん》判断にも利用できます。実際に、時計、昔の貨幣・紙幣の真贋判断にNFTを用いる試みはすでに始まっています。

KEYWORD
Soulboundトークン……身分証明に用いるさまざまな情報をNFT化した、他人に譲渡することができないトークン。

Web3
ビジネス
6

メタバースでビジネスチャンスが生まれる業界とは？

POINT
アパレル業界はすでにメタバースに続々と進出中

メタバースならではの広告が登場する？

まず1つ目は、アパレル業界です。メタバースでは、ほとんどの場合、アバターと呼ばれる自分の分身を操作します。人型のアバターは現実の人間と同じく服を着せることができますし、アクセサリーを身につけることもできますから、メタバース内での服飾品への関心が高まっています。

そのため、すでにいくつかのアパレルブランドがメタバースでのビジネスに進出しています。アパレル業界にとっては、メタバースは現実世界とは違って廃棄処分しなければならない服が一切出ないということも、SDGsの観点から見れば魅力のようです。

また、旅行業界もメタバースとの相性がよく、今後のビジネス展開に期待が持てます。**メタバースを使うことで、たとえば旅行の下見や疑似体験を提供することや、顧客の満足度を高めることができます。**さらに、現実には訪れることができない、紀元前の世界や過去の時代への旅をする「疑似的なタイムスリップ旅行」も可能になるでしょう。

さらに、**メタバースが普及していけば、広告業界も進出するでしょう。**メタバースでの広告は、現実世界の広告とは違い、メタバース内の体験の中に宣伝したい商品を自然に紛れ込ませる形になる可能性があり、その是非が議論されています。メタバース内での活動に合わせた形でインタラクティブに広告を提供するなど、新しい「広告」形態が生まれるといわれています。

お答えしましょう！

アパレル業界、旅行業界、広告業界など、メタバースとの相性がよいといわれる業種が次々に進出するでしょう。

■ メタバースと相性の良いビジネス

メタバースで過ごす時間が多いし、アバターの服が欲しいな。
アパレル
現実と違って、廃棄される服が出ないのがいい！

UNIQLO、NIKEなど非常に多くのアパレル企業がすでに進出しています。

実際に旅に行く前にどんな場所か確認できるのはいいね！
旅行
大
過去にタイムスリップ旅行に行けるなんて最高！

旅行業界も、メタバースとの相性が良く、さまざまなビジネス展開が期待できます。旅行先を事前に疑似体験したり、時空を超えた旅行に行くことができるようになるでしょう。

KEYWORD

SDGs……持続可能な開発目標（Sustainable Development Goals）の略称。人類がこの先も地球で暮らし続けるために達成するべき目標。

メタバースの発展で生まれる新しい職業とは？

お答えしましょう!

3D空間を演出する「メタバース・クリエイター（VR演出家）」という職業が生まれるでしょう。

■ メタバース・クリエイターに求められるスキル①

空間・色彩設計

昼と夜がある空間だから、光の感じも考えないと……。

立体的な空間設計や、光と影などのエフェクトについても演出しないといけません。

映像制作

誰もが夢中になる3Dの映像をどう作るか……。

メタバースは、3D映像で構成されていることがほとんどのため、そのスキルが求められます。

POINT

3D空間の演出には多岐にわたる総合的なスキルが必要

メタバースの普及でVR演出家が登場

Web3ならではの職業としては、「メタバース・クリエイター」が挙げられます。これは、**「VR演出家」とも呼ばれ、私たちがVRゴーグルでアクセスして活動する、3D空間としてのメタバースを演出する人材**です。

VR演出家に求められるスキルは、大きく分けて4つ。まずは、メタバースは基本的に360度全方位の3D映像でできていますから、当然ながら映

■ メタバース・クリエイターに求められるスキル②

動作

現実の自分の動きと完全に一致してる！

現実の人の動きとアバターの動きに誤差がないような、動作設計が求められます。

エフェクト

3Dとして見た時に迫力のあるエフェクトにしたいな。

臨場感のあるメタバースを作るためのエフェクトについても考える必要があります。

像制作のスキルが必要です。そして、空間演出のスキルも求められます。メタバースは、私たちがもう1つの現実として過ごす空間でもありますから、現実と同じような光や影の演出、昼と夜の演出なども求められます。

臨場感を与えるスキルは必須

また、映像・音響のエフェクトを演出するスキルも必要です。3D空間ならではのエフェクトで、人びとに臨場感を与える必要もあるでしょう。3Dであることを活かした映像と音響の組み合わせによって、現実にいる時とほとんど変わらないような感覚をもたらすのです。

最後に、動作を演出するスキルも重要です。私たちはVRゴーグルやコントローラーを通して自分の分身であるアバターを操作します。その動作を、いかにリアリティを感じられるものにできるかは、VR演出家にかかっているのです。

KEYWORD

VR演出家……3D映像で構成されるメタバースを演出する仕事。映像、音響、空間、動作の演出など総合的なスキルが求められる。

遊びがビジネスになる「X to Earn」とは？

POINT
ゲーム、睡眠、散歩でお金を稼げる時代が到来?

Web3は「お金を稼ぐ」という概念を変える？

Web3時代を象徴するキーワードの1つ、**「X to《トゥー》 Earn《アーン》」**という言葉を聞いたことがあるでしょうか？

これは**「〇〇をして稼ぐ」**という意味の言葉で、もっとも知られているのが**「Play《プレイ》 to《トゥー》 Earn《アーン》」**です。

これは、「遊んで稼ぐ」という意味で、ゲームを遊びながらお金を稼ぐことができる仕組みを内包したゲームのコンセプトを指します。これまでのゲームでは、報酬を稼いだり、アイテムをゲットしたりしても、基本的にゲーム内でしか使ったり、売ったりすることはできませんでした。ゲーム内で経済が完結していたのです。

ところが、トークンの仕組みを取り入れたPlay to Earnのゲームでは、キャラクターやアイテムがNFT化されているのでサービス外でも取引可能な上、プレイ報酬として暗号資産を入手することができます。これにより、**ゲームと外部経済がリンクするようになる**のです。

このX to Earnというコンセプトは、質の良い睡眠を取れば取るほどお金が稼げる「Sleep《スリープ》 to《トゥー》 Earn《アーン》」、歩いたり走ったりすればするほどお金が稼げる「Move《ムーブ》 to《トゥー》 Earn《アーン》」など、ゲーム以外の分野にも進出しています。

これらのX to Earnには、それなりの初期費用がかかることと、そもそも持続可能なシステムかどうかが不明というデメリットやリスクがあるものの、既存のゲーム事業者を含め、**多くの企業が新たなビジネス領域として注目しています。**

お答えしましょう!

「○○をして稼ぐ」という意味で、従来はお金を稼げなかった行為でお金を稼げるようになることです。

■ Play to Earn（プレイ・トゥー・アーン）とは?

これまでのゲーム

ゲーム内で報酬を得ても
ゲーム内でしか使えない
のは当たり前だよね。

従来のゲームは、プレイの結果、ゲーム内で報酬を得たとしても、それはゲーム内でしか使うことができませんでした。

Play to Earnのゲーム

ゲームで稼いだ
報酬を暗号資産
に換金したい!

いいですよ!
じゃあイーサ
で払います。

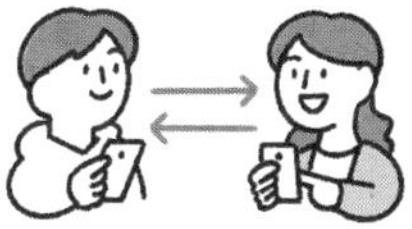

Play to Earnのゲームは、NFT化されたキャラクターやアイテムなどを外部マーケットで購入・売却することができ、また、プレイ報酬として暗号資産を入手することができます。

■ その他のX to Earnとは?

Sleep to Earn（スリープ・トゥー・アーン）

眠っただけで暗号
資産がもらえた!

質のいい睡眠をとると、それだけで暗号資産を得ることができます。

Move to Earn（ムーブ・トゥー・アーン）

毎日ジョギングしてるだけ
でトークンがもらえる!

GPS機能によって歩いたり走ったりした距離や時間を計測し、それに応じた暗号資産を得ることができます。

「暗号資産冬の時代」をどう捉えるべき？

POINT

「冬」には一定の傾向があるが、今の「冬」の主因はFTXの破綻

お答えしましょう！

Web3への流れは止まらないので、むしろ「地力をつける我慢の時期」だと考えましょう。

■ 暗号資産の半減期とは？

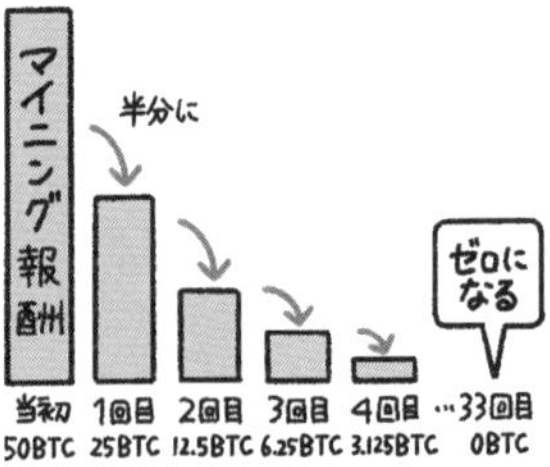
マイニング報酬
半分に
ゼロになる
当初 50BTC
1回目 25BTC
2回目 12.5BTC
3回目 6.25BTC
4回目 3.125BTC
…33回目 0BTC

（価格）
ビットコインの価格変動
7M
6M
5M
4M
3M
2M
1M
13.2K
2016年7月
2回目の半減期
2020年5月
3回目の半減期
2014 2015 2016 2017 2018 2019 2020 2021 2022
（年）

出典：CoinMarketCapを元に作成
※1K＝1000円、1M＝100万円

半減期が来ると、暗号資産の価格が高騰したあと長い間下落したままになる傾向があるんだ。

半減期とは、暗号資産のマイニング報酬として貰える通貨の量が半分になってしまう時期のこと。およそ4年に一度の周期で訪れ、暗号資産の価格に大きな影響を与えると考えられています。

4年に一度訪れる暗号資産の冬

暗号資産には、冬の時代と呼ばれる時期があります。これは、長期的に続く暗号資産市場に対する弱気な見方のことであり、**「クリプトウィンター」**とも呼ばれます。

冬の時代が訪れる要因の1つといわれるのが暗号資産の半減期です。半減期とは、ビットコインなどの暗号資産のマイニング（36ページ参照）報酬が半減する時期のこと。これは、時間の経過とともに採掘量を減らすこ

■ クリプトウィンター（冬の時代）をどう捉える？

通貨が下落して大変だけど、今こそ大事な準備期間だ！
Web3への流れは止まらないから、必ず春が来ると信じて力を蓄えよう！
冬の時代にコンテンツを作っておいてよかった！春が来た！

とで通貨としての希少価値を維持するための仕組みです。

ビットコインでは、およそ4年に1回のペースで半減期が訪れ、その後はそれまでの最高値を更新したのちに価格が下落し、長期的に安値圏を推移する傾向にあります。ただし、現在の「冬」の主因は、FTXの破綻（18ページ参照）やそれに引き続くWeb3事業者の破綻であるとも考えられています。

いつか必ず来る春に向けて耐えるべき

さらにいえば、これまでに数回訪れた冬の時代と、2022年に訪れた暗号資産の相場低迷とでは意味合いが少し違います。

Web3への注目は引き続き高く、ブロックチェーンがさまざまなユースケースとともに本格的な普及局面に入ると考えられているためです。**いつか必ず春は訪れます。その時のために、コンテンツを作ったり、外部環境を整えたりといったことに力を注ぐべき**だと思います。

KEYWORD
半減期……発行上限のある暗号資産の希少価値を維持するため、マイニング報酬を半分にする時期。

日本がWeb3で世界市場を目指すには?

お答えしましょう!

税制を改正し、デジタル人材の海外流出を止めることが重要でしょう。

■ Web3は一足飛びに世界市場を目指せる

日本でグズグズなんてしてられない、一気に海外進出だ!
日本市場で力をつけてから海外に進出するべき?

Web3時代は、暗号資産やNFTなどの性質上、最初からどの国に住んでいる人でも国内市場を飛び越えてグローバルマーケットに進出することができます。

POINT

Web3の性質上、日本もレイヤー1を生み出せるはず

Web3だからこそ日本にもチャンスがある

Web3の時代は、日本でも世界的な「レイヤー1」を生み出す可能性を秘めています。**レイヤー1とは、Web3ではパブリックブロックチェーンなどの根幹的な技術**をいいます。

なぜ日本にもレイヤー1を生み出す可能性があるのか。日本企業は、これまでは国内市場で地力をつけてから海外に進出するという戦略が一般的でしたが、Web3におけるビジネスは、メタバースにしろ、NFT

■ デジタル人材の海外流出問題

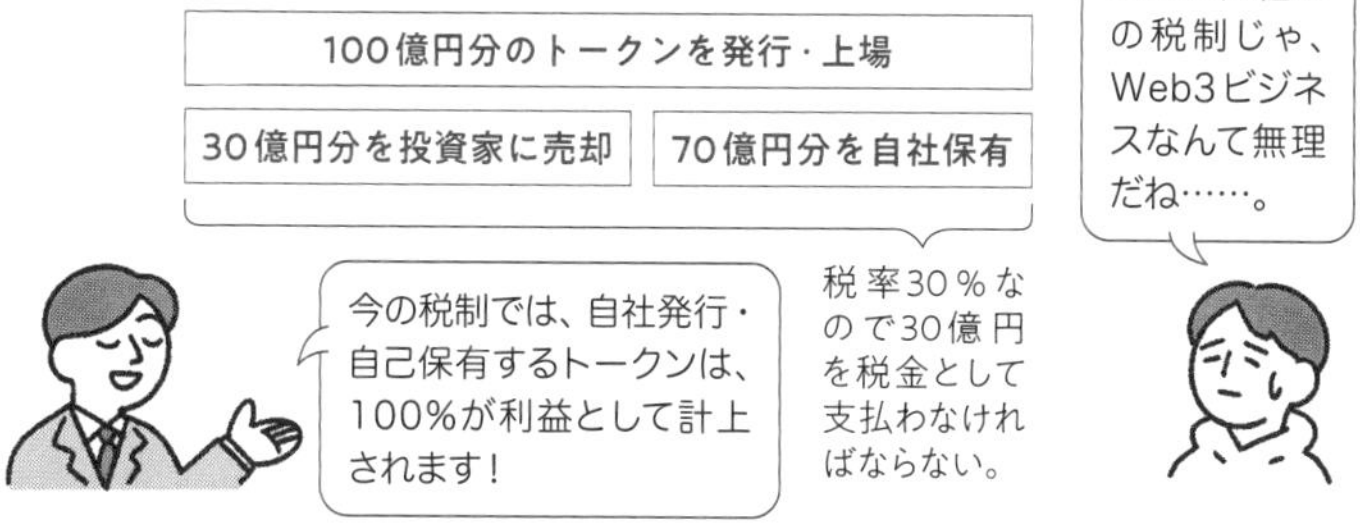
100億円分のトークンを発行・上場
30億円分を投資家に売却
70億円分を自社保有
税率30％なので30億円を税金として支払わなければならない。
今の税制では、自社発行・自己保有するトークンは、100%が利益として計上されます！
こんな仕組みの税制じゃ、Web3ビジネスなんて無理だね……。

Web3ビジネスに対応できる日本人のデジタル人材の海外流出が加速しています。その最大の理由は日本の税制です。

にしろ、もともとグローバルなネットワークを形成しやすい性質を持っているからです。

NFTという言葉を誰も意識しなくなる時が本番

ただし、日本の税制が大きな障壁となっているのも事実です（132ページ参照）。個人にかかる所得税だけでなく、法人がトークンを保有しているだけで法人税の課税対象となることが、事業者の海外流出に拍車をかけています。これでは、現在進行形で進んでいる貴重なデジタル人材の海外流出を止められないでしょう。

ただし、法規制の緩和や透明化、税制の改正など、日本における事業環境も急速に改善されつつあります。

今はまだ、NFTやブロックチェーンという言葉自体が注目され独り歩きしがちですが、そういった言葉が当たり前になって誰も意識しなくなった頃、日本がWeb3の世界でどれだけの地位を占めることができているのか。本番はこれからです。

KEYWORD
デジタル人材……最先端のデジタル技術と知識を活用して新たな価値を提供できる人材。

ZEPETO《ゼペット》……162ページ
韓国のNAVER《ネイバー》グループが提供するメタバースプラットフォーム。写真を撮るだけで自分のアバターを作成することができる。メタバース内でアイテムを購入して着せることができ、またアバターを踊らせてTikTok向けの動画を作ることも可能。

バーチャルマーケット……163ページ
日本の株式会社HIKKY《ヒッキー》が主催する仮想空間上のマーケットイベント。仮想空間において、アバターをはじめとするさまざまなアイテムの取引を行える。開催期間中は24時間運営される。

PoS《プルーフ・オブ・ステーク》……167ページ
ブロックチェーンのコンセンサスアルゴリズム（合意形成のための計算法）の1つ。プルーフ・オブ・ワークが抱えていた、膨大な電力消費量や環境への負荷の問題を低減できるとされる。

PoW《プルーフ・オブ・ワーク》……167ページ
ブロックチェーンのコンセンサスアルゴリズムの1つ。暗号資産の取引データを正しくブロックチェーンにつなぐ際に用いられる。いち早く計算を行った者がより多くのマイニング報酬を得られる。ビットコインなどの初期の暗号資産に多く実装されていた。

ファンエコノミー……168ページ
アーティストやクリエイターなどの熱心なファンたちが形成する経済圏。ファンダムエコノミーとも。

Soulbound《ソウルバウンド》トークン……170ページ
イーサリアムの共同創設者であるヴィタリック・ブテリンの共同論文から広まった概念で、デジタルＩＤとして機能するＮＦＴのこと。

Play to Earn《プレイ・トゥー・アーン》……176ページ
遊びながら稼ぐことができること。または、それを実現するブロックチェーンゲームの総称。代表的なゲームはAxie《アクシー》 Infinity《インフィニティ》で、はじめにキャラクターを購入して対戦する育成型バトルゲーム。

Sleep to Earn《スリープ・トゥー・アーン》……176ページ
眠りながら稼ぐことができること。または、それを実現するブロックチェーンアプリの総称。代表的なアプリはSleeFi《スリーファイ》などで、良質な睡眠をとると暗号資産を稼ぐことができる。

Move to Earn《ムーブ・トゥー・アーン》……176ページ
移動しながら稼ぐことができること。または、それを実現するブロックチェーンアプリの総称。代表的なアプリはSTEPN《ステップン》で、ＮＦＴ上でスニーカーを購入、そのスニーカーを使って歩いたり走ったりすることで暗号資産を稼ぐことができる。

クリプトウィンター……178ページ
暗号資産の冬の時代のこと。暗号資産の半減期がもたらす周期的な価格低迷期や、それ以外の要因によって暗号資産業界全般に対する逆風が強くなる時期のこと。

レイヤー1……180ページ
Ｗｅｂ３におけるブロックチェーンなどの根幹的技術のこと。なお、ブロックチェーンのスケーラビリティ問題を解決することなどを目的として、ブロックチェーン以外のオフチェーンで取引を実行する技術をレイヤー2と呼ぶ。

おわりに

最後までお読みいただき、ありがとうございます。Ｗｅｂ3、ＮＦＴ、メタバースそれぞれの概念を、さまざまな角度から、時には専門知識を交えつつできる限りわかりやすく解説しました。

Ｗｅｂ3や、その基本的な構成要素であるＮＦＴの登場により、何が変わったのでしょうか。私は、ＮＦＴにより**「デジタルコンテンツがパッケージ化される」未来が見えた**ことが大きな変化であると考えます。

一昔前には、音楽や映画を楽しむためにはＣＤやＤＶＤを購入する必要があり、1つひとつのコンテンツに明確な価値があると受け止められてきました。ですが、今やコンテンツビジネスは、サブスク購入を通じて、量的な制限なしにネット配信で楽しむことが一般化し、コンテンツの価値が認識されづらくなりました。コロナ禍もこれを助長したといえます。われわれのコンテンツ視聴スタイルはこの先も、ＣＤやＤＶＤなどの物理メディアに頼る状況に立ち戻ることはないでしょう。

私は**「コンテンツの価値はメディアが規定する」**と考えています。個々のコンテンツは、物理メディアを廃しネットワーク経由で際限なく配信されるようになったことで、その価値の低下を余儀なくされました。しかしNFTには、かつての物理メディア、つまりコンテンツの入れ物をデジタルの世界で表現するポテンシャルがあります。コンテンツの価値を規定し直すことが可能になるかもしれないのです。

メタバース空間内で友人とコンテンツを楽しみながら会話を交わす、こんな生活スタイルが一般化したとしましょう。そして、その中で視聴されるコンテンツが、流通経路の独占を受けないオープンな方式で、個々のクリエイターや権利者がイニシアチブをとる形で流通したらどうでしょうか。そのための**共通インフラとして、ブロックチェーンやNFTを用いる未来**が語られているのです。

このような未来に至るまでには、乗り越えるべき課題がまだたくさんあります。本書の制作時点では、Web3の活用を前提としたメタバースやその他のコミュニケーションツールは一般化しておらず、また、その前提といえるウォレットの使い勝手も、決して良いとはいえない状況です。インターネット利用の黎明期でいえば、便利なブラウザが登場する以前の状態に似ています。

ただし、この状況は、早晩変わる可能性があります。ネットスケープの登場を主な起点とするウェブ・ブラウジングの一般化、iPhoneの登場を主な起点とするスマホの大衆化は、いずれもきわめて急速な変化でした。私は、インフラが整い、ひとたびキラープロダクトとなるサービスが出現すれば、**Web3・メタバースは一気に市民権を得る可能性を秘めている**と考えています。

私は、来るべきその時への備えとして、多くの方にわかりやすく「Web3」「NFT」「メタバース」の実像を理解していただくべきだと考え、本書の監修を行いました。本書が皆さんにとって、理解の手助けになることができればこれほど喜ばしいことはありません。

増田雅史

ま行

ら行

た行

な行

は行

か行

さ行

あ行

索引

欧文

●参考文献

『NFTの教科書 ビジネス・ブロックチェーン・法律・会計まで デジタルデータが資産になる未来』天羽健介、増田雅史(編著)／朝日新聞出版

『デジタルデータを資産に変える最先端スキル！NFTビジネス見るだけノート』増田雅史（監修）／宝島社

『テクノロジーが 予測する未来 web3、メタバース、NFTで世界はこうなる』伊藤穰一（著）／SBクリエイティブ

『未来ビジネス図解　これからのNFT』森川夢佑斗(著)／エムディエヌコーポレーション

『バーチャルファースト時代の新しい生存戦略がゼロからわかる！Web3.0ビジネス見るだけノート』加藤直人(監修)／宝島社

『インターネット以来のパラダイムシフト NFT1.0→2.0』伊藤佑介(著)／総合法令出版

『メタバースとWeb3』國光宏尚(著)／エムディエヌコーポレーション

●参考サイト

・弁護士 増田雅史の記録帳
https://masudalaw.wordpress.com/
・https://www.softbank.jp/sbnews/entry/20221102_02
・https://www.softbank.jp/sbnews/entry/20221102_03
・https://www.metaverse-style.com/interview/3356
・https://www.kokusen.go.jp/wko/pdf/wko-202209_02.pdf

●スタッフ

編集協力：渡邉亨(株式会社ファミリーマガジン)、苅部祐彦
カバー・本文イラスト：長野美里
本文・カバーデザイン：山之口正和＋齋藤友貴(OKIKATA)
DTP：内藤千鶴(株式会社ファミリーマガジン)
校正：株式会社ぷれす

監修：増田雅史(ますだ・まさふみ)
森・濱田松本法律事務所パートナー弁護士（日本国・ニューヨーク州)。スタンフォード大学ロースクール卒。理系学生から転じて弁護士となり、IT・デジタル分野を一貫して手掛け、特にブロックチェーン分野やゲーム・ウェブサービスへの豊富なアドバイス経験を有する。2021 年以降、The Best Lawyers in Japan に IT 法・フィンテックの 2 分野で選出。虎ノ門ヒルズインキュベーションセンター「ARCH」メンター、筑波大学大学院非常勤講師(情報法)。
本書のテーマに関わる公職として、ブロックチェーン推進協会(BCCC)アドバイザー、日本暗号資産ビジネス協会(JCBA)NFT 部会法律顧問を務めるほか、自由民主党デジタル社会推進本部 web3PT、経済産業省「Web3.0 時代におけるクリエイターエコノミー創出に係る研究会」、総務省「Web3 時代に向けたメタバース等の利活用に関する研究会」、内閣府「メタバース上のコンテンツ等をめぐる新たな法的課題への対応に関する官民連携会議」など、多くの公的な会議体にて構成員を務める。関連分野の書籍として、『NFT の教科書』(朝日新聞出版・共編著)、『NFT ビジネス見るだけノート』(宝島社・監修)があるほか、著作講演多数。

いまさら聞けない
Web3、NFT、メタバースについて
増田雅史先生に聞いてみた

2023年4月11日　第1刷発行

監　修　増田雅史
発行人　土屋　徹
編集人　滝口勝弘
編集担当　神山光伸
発行所　株式会社Gakken
〒141-8416 東京都品川区西五反田 2-11-8
印刷所　中央精版印刷株式会社

●この本に関する各種お問い合わせ先
・本の内容については、下記サイトのお問い合わせフォームよりお願いします。
https://www.corp-gakken.co.jp/contact/
・在庫については　Tel 03-6431-1201（販売部）
・不良品（落丁、乱丁）については　Tel 0570-000577
学研業務センター　〒354-0045 埼玉県入間郡三芳町上富 279-1
・上記以外のお問い合わせは　Tel 0570-056-710（学研グループ総合案内）